"十四五"普通高等教育本科部委级规划教材

服装色彩与图案设计

高 燕 编著

中国纺织出版社有限公司

内 容 提 要

服装色彩与图案设计是服装设计的重要一环。本书将服装色彩与图案设计作为一个整体，分别从原理和应用两部分进行了阐述与分析，内容包含色彩和图案的产生、分类、属性要素、心理与联想、设计原理、设计表现、设计应用等方面，并融入大量时尚案例和实践案例，综合多维地激发和开拓学生的审美意识、思维眼界和实操能力。

本书既可作为高等院校、职业院校服装设计相关专业的课程教材，也可作为广大服装艺术设计爱好者的学习参考书籍。

图书在版编目（CIP）数据

服装色彩与图案设计 / 高燕编著. --北京：中国纺织出版社有限公司，2023.11

"十四五"普通高等教育本科部委级规划教材

ISBN 978-7-5229-0819-9

Ⅰ.①服… Ⅱ.①高… Ⅲ.①服装色彩－设计－高等学校－教材②服装设计－图案设计－高等学校－教材 Ⅳ.①TS941

中国国家版本馆CIP数据核字（2023）第145958号

责任编辑：孙成成　　责任校对：高　涵　　责任印制：王艳丽

中国纺织出版社有限公司出版发行
地址：北京市朝阳区百子湾东里A407号楼　邮政编码：100124
销售电话：010—67004422　传真：010—87155801
http://www.c-textilep.com
中国纺织出版社天猫旗舰店
官方微博http://weibo.com/2119887771
北京华联印刷有限公司印刷　各地新华书店经销
2023年11月第1版第1次印刷
开本：787×1092　1/16　印张：11
字数：200千字　定价：69.80元

前 言

P R E F A C E

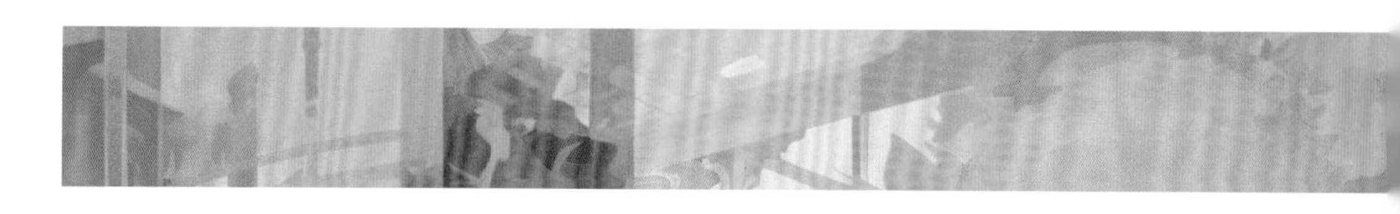

色彩和图案作为服装最重要的视觉要素，共同构成服装的“皮肤”，给人留下对服装的第一印象，它们互相关联结合，创造出丰富多彩的艺术世界，不仅反映个人的偏好，而且扎根历史和社会现实，反映时代精神。一方面，当色彩与图案附着在服装上时，其实用特性凸显出来。设计不仅要考虑审美需求，更要考虑与纺织品、服饰产品相关的造型、材料、工艺等的规范和限制，以及服装市场的需求。另一方面，如今人们的消费观念已经从过去单纯追求实用的理性消费，转变为更追求心理愉悦的感性消费，品牌越来越认识到色彩和图案的设计是强大的销售工具，通过色彩和图案的故事可以与消费者建立情感的共鸣。

“服装色彩与图案设计”是服装专业核心课程之一，是服装设计师从业必须掌握的知识与技能。在传统的设计教学中，服装色彩设计和服装图案设计是分开进行的，相对割裂的教学模式并不能使学生获得对服装色彩和图案学习的完整体验。本书的写作目的正是基于此，希望在有限的课时内，建立色彩和图案情感共融的观念，探索和实践色彩、图案、服装三者有机结合的教学新路径，使学生能更加全面、综合地掌握服装色彩图案搭配、审美与造型能力。

本书分为原理和应用两篇。其中第一章至第六章为原理部分，分别从物理属性、生理属性、心理属性、社会属性等各个层面介绍服装色彩和图案，并强调其设计规律、设计方法和表现手法；第七章至第九章为应用部分，是从市场的设计原则出发，引入品牌案例，分析和实践服装色彩与图案的提取、设计、工艺及策划等各个步骤，以期提高学生的综合实践能力。课程总共设置 64 课时，每个章节都有相应的课时安排，各院校可根据自身教学计划和教学特点进行调整。

本书在编著的过程中，参阅了近些年出版的色彩和图案设计相关书籍，案例中使用了大量国内外秀场的服装图片，同时汇集了部分优秀的学生作品，在此一并表示衷心感谢。由于编者水平有限，时间仓促，疏漏不足之处在所难免，恳请专家与读者批评、指正。

编著者

2023 年 1 月

教学内容与课时安排

章	课时性质	课时安排	节	课程安排
第一章 色彩的概述	原理篇	4 课时	一	色彩的产生
			二	色彩的表现形式
			三	色彩的分类
			四	色彩的三大属性
			五	色彩的体系
第二章 色彩的心理与联想		4 课时	一	单色的心理与联想
			二	色调的心理与联想
			三	色彩的视觉效应
第三章 色彩设计的原理		10 课时	一	色彩设计的基本理论
			二	色彩设计的基本方法
第四章 图案的概述		12 课时	一	图案与服饰图案的概念
			二	图案的分类
			三	图案的构成要素
			四	图案的构成形式
第五章 图案的心理与联想		4 课时	一	图案元素的心理与联想
			二	图案组合的心理与联想
			三	图案的视觉效应
第六章 图案的设计与表现		8 课时	一	图案设计的形式法则
			二	图案的表现形式
			三	图案设计的表现方法
第七章 服装色彩和图案设计的原则与分类	应用篇	2 课时	一	服装色彩和图案设计的原则
			二	服装色彩和图案设计的分类
第八章 服装色彩与图案的设计方法		8 课时	一	服装色彩设计与搭配
			二	服装图案设计与搭配
第九章 服装色彩和图案的获取与应用		12 课时	一	服装色彩和图案的获取方法
			二	服装色彩和图案的提取与应用
			三	服装色彩和图案的应用工艺
总课时：64 课时　　总作业量：21 个				

注　各院校可根据自身教学特点及教学计划对课时进行调整。

目 录

CONTENTS

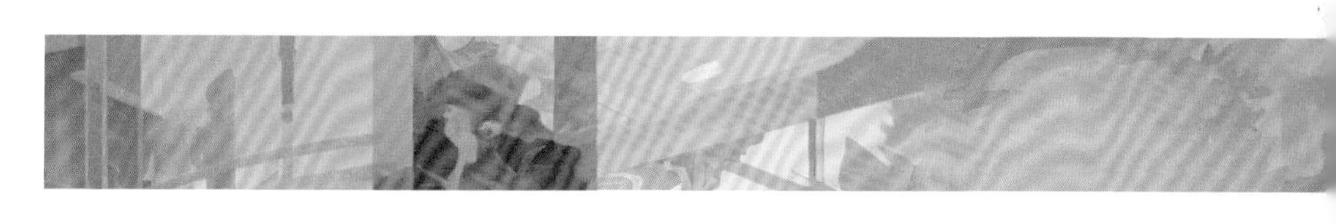

原理篇

第一章 色彩的概述

第二章　色彩的心理与联想

第三章　色彩设计的原理

第四章　图案的概述

第五章　图案的心理与联想

第六章　图案的设计与表现

应用篇

第七章 服装色彩和图案设计的原则与分类

第八章 服装色彩与图案的设计方法

第九章 服装色彩和图案的获取与应用

原理篇

第一章

PART 1

色彩的概述

课题名称： 色彩的概述

课题内容： 色彩的产生
色彩的表现形式
色彩的分类
色彩的三大属性
色彩的体系

课题时间： 4课时

教学目的： 从物理学和生理学的角度，了解色彩的产生与交互；掌握色彩的表现形式、色彩的分类、色彩的三大属性；了解色彩体系等相关理论知识。

教学重点： 培养学生科学系统的色彩基本观念，掌握色彩基本表现形式和分类，丰富学生对于色彩体系等相关理论知识的认知。

第一节 色彩的产生

我们所处的可见世界是由无色物质和无色电磁振荡组成的。电磁振荡最重要的特征是波长和能量，它们没有固有颜色，人类看到的世间万象的色彩是庞大的交互式可视化作用的结果。

人类感知色彩的视觉显现基于三个基本因素：一是光；二是人的视觉器官——眼；三是物体对光的反射。

交互可视的首要因素是光，没有了光，所有的物体都是看不见的隐形物。在黑暗中，人的肉眼看不到任何物体与色彩，就是因为缺少光。但并不是有光就有色彩，只有波长在380~780nm的电磁波才能引起人的色彩感觉，这段电磁波叫作可见光，其余的电磁波均为不可见光。电磁波频率从低到高分别为无线电波、微波、红外线、可见光、紫外线、X射线、伽马射线，色彩只是囊括万物的电磁频谱中的一小部分（图1-1）。

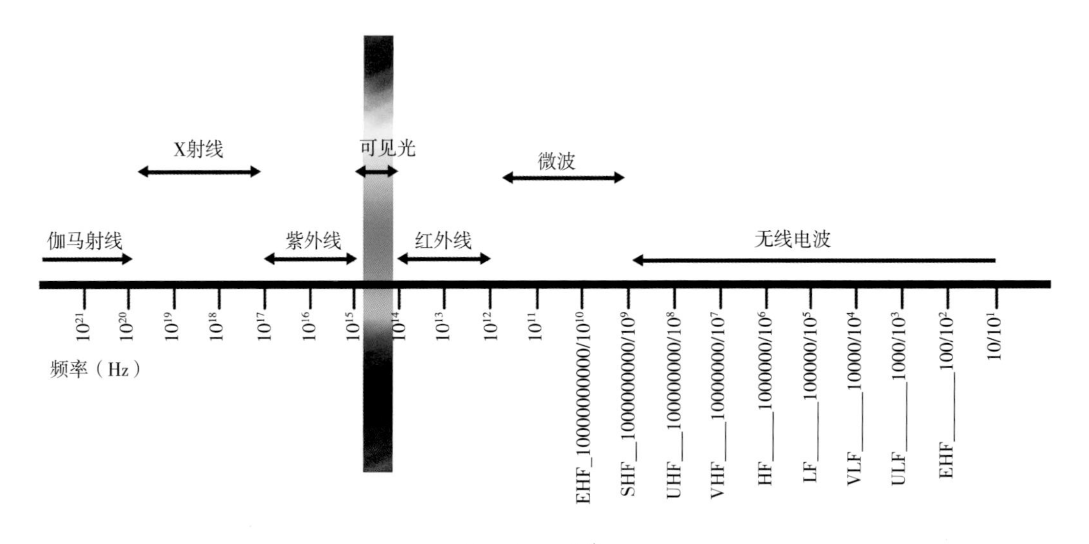

图1-1　可见光

眼睛是交互过程的重要媒介。人的视网膜中有感红视锥细胞、感绿视锥细胞和感蓝视锥细胞，它们感受光的波长各不相同。当不同波长和强度的光进入人眼时，眼睛会将感受到的光转化为电信号，并将它们聚集为许多小点（像素）在视网膜形成图像，然后以电信号的形式通过相当于“通信电缆”的视神经传入大脑。只有进入眼睛中的光和色彩信号都传达到大脑的视觉皮层时，人才能看到色彩。因此，眼睛是视觉传导通路中重要的感受器官，人类对于色彩的感觉是大脑对眼睛传来信息的解析。

看到色彩的另一必要因素是物体对光的反射。光波通过直射、反射和透射三种主要方式进入视觉器官。当视觉器官直对光源时，光波直射入眼，是感觉不到色彩的；当光射到透明或半透明材料表面时，一部分被反射，一部分被吸收，还有一部分可以透射过去；光源通过物体反射入眼时，物体对哪种光反射多，就呈现哪种颜色，这就是人们通常看到的色彩（图 1–2）。

色彩还可以通过折射、衍射、干涉、偏振等物理方法分离出来。例如，最著名的牛顿光学实验，就是让白光透过三棱镜，折射出红、橙、黄、绿、青、蓝、紫的色彩（图 1–3）。

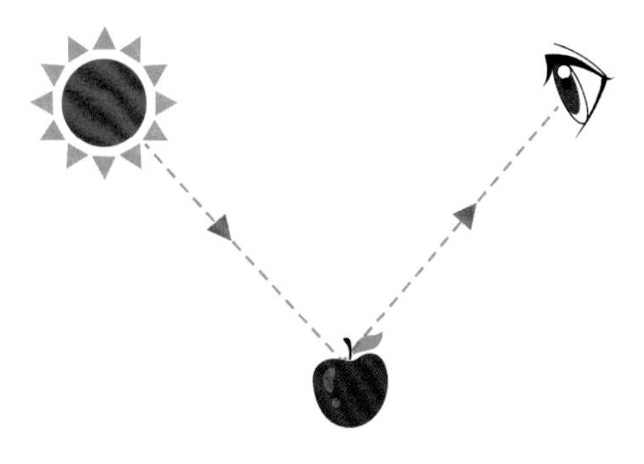

图 1–2　光的反射

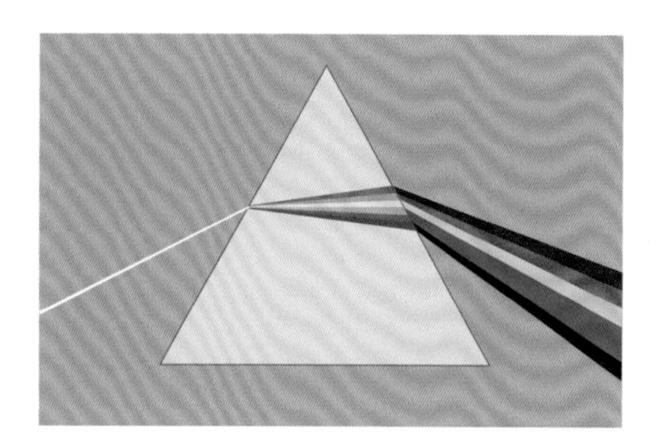

图 1–3　牛顿三棱镜分解白光实验

第二节　色彩的表现形式

一、光源色

光源分为两种，一种是自然光，如太阳、月亮；另一种是人造光，如白炽灯光、钠灯光等（图 1–4）。无论是自然光，还是人造光，其光波都具有不同的长短、强弱和比例性质，并且本身带有一定的色彩倾向。

图 1–4　自然光和人造光

二、固有色

固有色是指物体固有的属性在常态光源下呈现出来的色彩，对固有色的把握能正确认识色彩色相（图 1–5）。

三、物体色

物体色是指本身不发光的物体在不同的光源下，通过对色光的吸收、反射或透射，显示出物体中某一面的色彩样貌。

物体对色光的吸收、反射或透射能力，受物体表面肌理状态的影响。表面相对比较光滑的物体，对色光的反射较强；表面粗糙、凹凸不平、疏松的物体，对色光的反射较弱。例如，同样是黄色面料，皮革、针织面料粗糙，色泽低调暗淡；棉质面料平整细腻，色泽柔和自然；缎面、漆皮面料平滑，色泽鲜艳华丽（图 1–6）。

图 1–5　常态光源下的固有色呈现

图 1–6　同一色彩在不同面料上呈现的物体色

影响物体色的另外两个因素是光源色和环境色，照明光源和环境不同，物体的显色也会产生变化。例如，一件服装在自然光源、专卖店光源、T 台光源等不同光源环境中呈现出的色彩效果是不同的。

四、加色混合

加色混合，指光加上颜色之后所透出的“透过色”，也被称为“色光加法混合”。红、绿、蓝三种颜色被称为“色光三原色”，色光三原色就是光本身，每次混色明度都会增加，色彩变得更亮，色光三原色混合在一起会变成白色。RGB 色彩模式是根据加色混合原理制定的，RGB 即红（R）、绿（G）、蓝（B）三个颜色通道的变化来相互叠加得到各种各样的颜色（图 1–7）。电视、舞台照明等都采用加色混合的原理（图 1–8）。

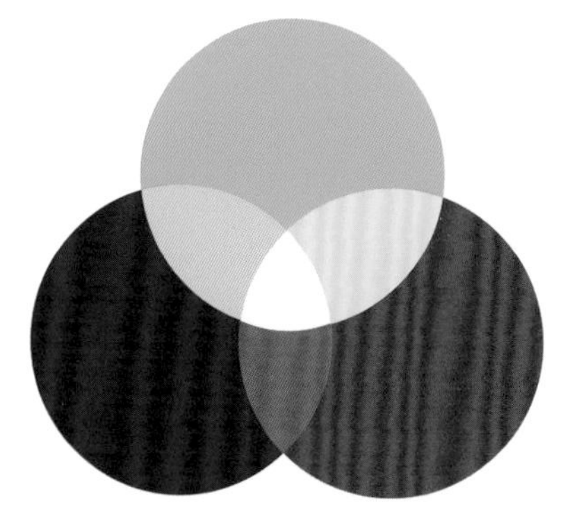

图 1-7　加色混合

图 1-8　舞台灯光应用加色混合原理

五、减色混合

减色混合是指光照射到物体上反射出来的“反射色”，也被称为“色料混色”。色料的原色有品红、黄、青三种，即我们常说的“红黄蓝”三原色，色料三原色同时混合会变成黑色。CMYK 色彩模式是根据减色混合原理制定的，CMYK 即青色（Cyan）、品红色（Magenta）、黄色（Yellow），而 K 是为了避免与蓝色（Blue）混淆而选取 Black 最后一个字母（图 1-9）。彩色胶卷和印刷主要采用减色混合原理，彩色印刷中使用的色彩是通过色料三原色加黑色的方式来合成的（图 1-10）。

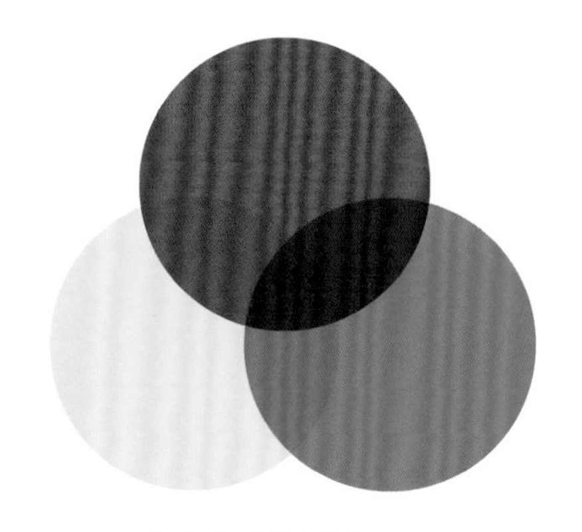

图 1-9　减色混合

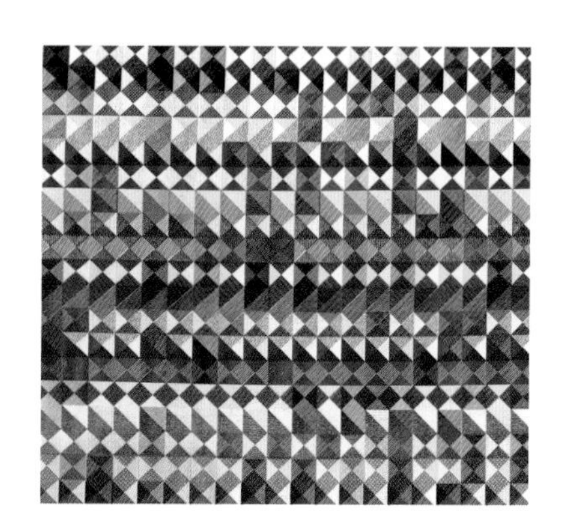

图 1-10　彩色印刷应用减色混合原理

六、中性混合

中性混合是指视觉的生理混合，是色光传入人眼后，在视网膜传递信息过程中形成的色彩混合效果，混面的色彩既没有提高，也没有降低。中性混合包括两种形式，色光动态混合和色光静态混合。

1. 色光动态混合

色光动态混合是指两种或两种以上的颜色并置在色盘上，进行快速旋转，由于混合色彩的速度快，反复刺激人眼视网膜，从而获得视觉上的混色。色光动态混合是以人眼的视觉残留为基础的（图 1-11）。

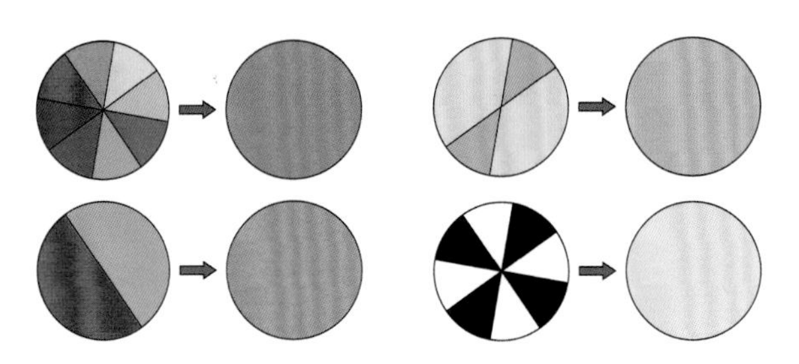

图 1-11　色光动态混合后获得的色彩

2. 色光静态混合

色光静态混合，又称为“空间混合”，是把不同的色彩用点、网格、小块面等方式密集交织或并置在画面上，当与它保持一定的距离时，就能感受到空间混合后形成的新色彩。镶嵌画、印象派的点彩画法、马赛克效果、四色印刷等，都是空间混合的应用与表现（图 1-12、图 1-13）。

图 1-12　点彩画法的空间混合

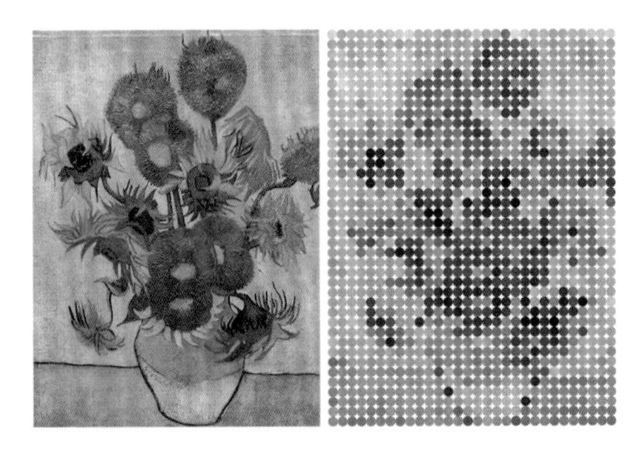

图 1-13　凡·高《向日葵》的空间混合效果

第三节　色彩的分类

一、无彩色

黑色、白色及由黑白两色调和形成的各种程度的灰色统称为无彩色。黑色理论上是完全吸收了全色光，白色理论上是完全反射了全色光。无彩色不具有任何色彩倾向，只有明度的变化，没有色相和纯度的特征（图 1–14）。

图 1–14　无彩色

二、有彩色

除无彩色以外的所有色彩均为有彩色（图 1–15），有彩色系的种类没有极限。有彩色具备三个重要的属性，分别是色相、明度和纯度。

图 1–15　有彩色

三、特殊色

在实际应用中，金色、银色和荧光色十分常见，它们不同于无彩色系和有彩色系，具有特有的光泽和属性，这类色被称为特殊色（图 1–16、图 1–17）。

图 1–16　金属色

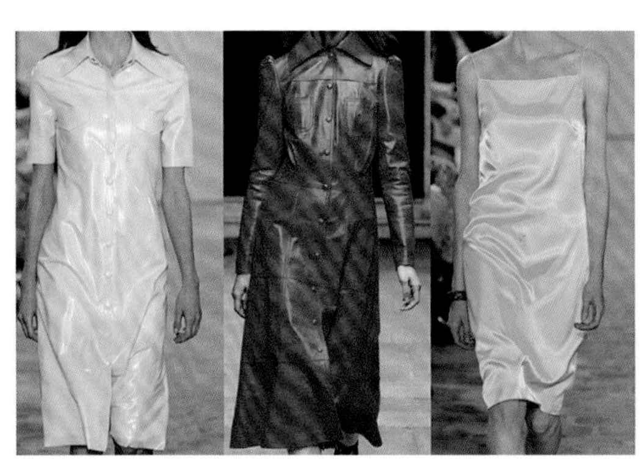
图 1–17　荧光色

第四节　色彩的三大属性

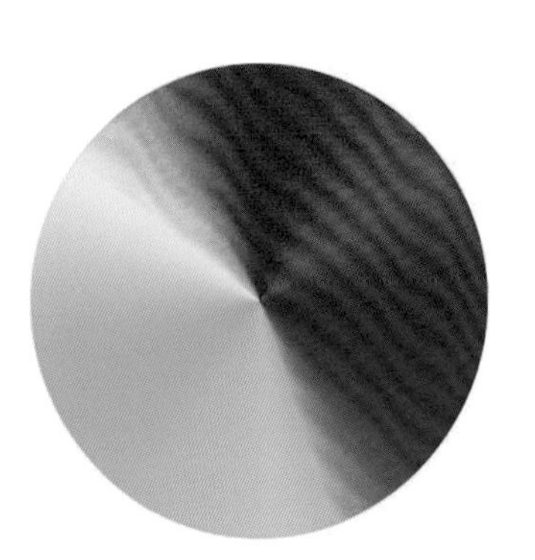
图 1–18　不同色相的颜色

一、色相

色相（Hue，H），是各类色彩的相貌称谓，是不同颜色的区分标准，是色彩最首要的特征。色相是由原色、间色、复色构成的，除黑、白、灰以外，所有的颜色都有其色相属性（图 1–18）。

二、明度

明度（Value，V），是指色彩的明暗程度。同一色相的色彩通过加白或加黑从而获得明度变化，靠近白色端是高明度，靠近黑色端是低明度，中间部分为中明度。在色相环中，黄色明度最高，紫色明度最低。

明度按黑白等差比例混合，可划分为 9.5 个等级的明度坐标，在此基础上划分为 3 个明度基调，分别为低明度基调（1.5~3.5 级），中明度基调（4.0~7.0 级），高明度基调（7.5~9.5 级）。其中，相差 3 级以内的对比为弱对比，称为短调；相差 4~5 级的对比为适中对比，称为中调；相差 6 级以上的对比为强烈对比，称为长调（图 1–19）。

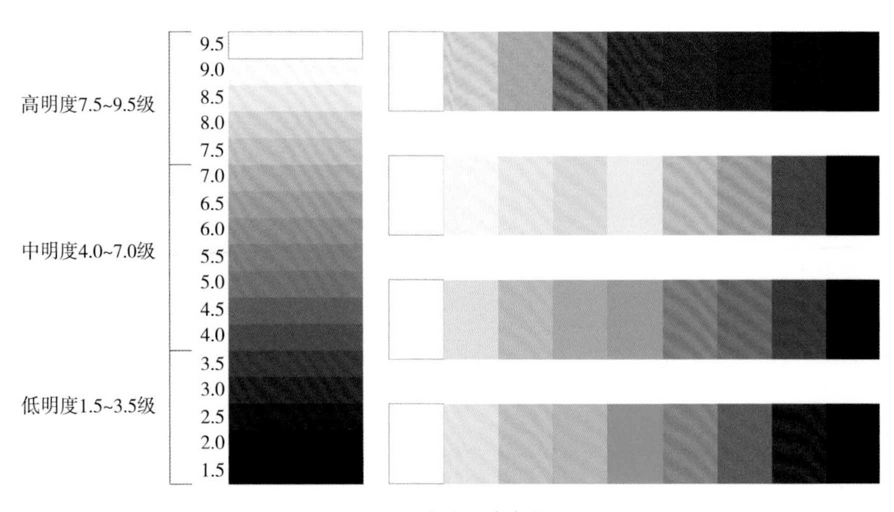

图 1-19　色彩明度变化图

三、纯度

纯度（Chroma，C），是指色彩的鲜艳程度，也称为“饱和度”或“彩度”。有彩色通过加不同程度的灰色获得不同的纯度，最鲜艳、饱和度最高的色彩叫纯色，纯度最低的颜色是无色的灰色。

纯度与同亮度的灰色按等差比例混合，划分为 9 个等级的纯度坐标，在此基础上又划分出 3 个纯度基调，分别为低纯度基调（1~3 级），中纯度基调（4~6 级），高纯度基调（7~9 级）。其中，相差 3 级以内的纯度对比弱；相差 4~6 级的纯度对比适中；相差 7 级以上的纯度对比强烈（图 1-20）。

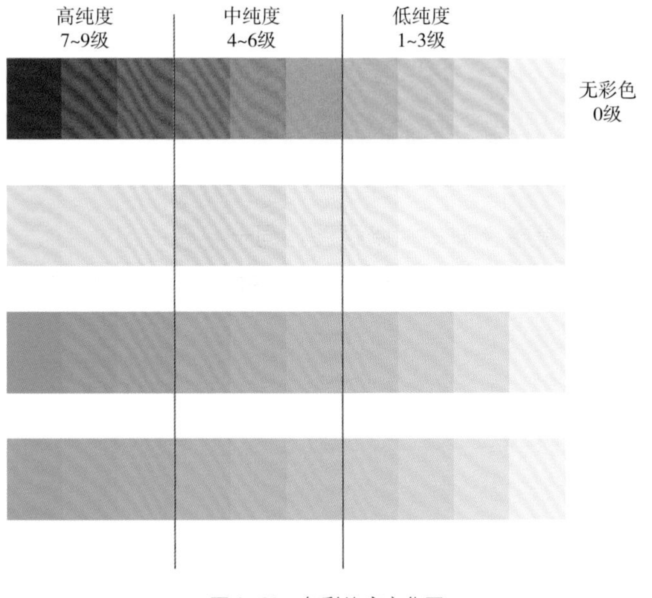

图 1-20　色彩纯度变化图

第五节　色彩的体系

目前国际上研究和应用的色彩体系主要有四种，分别是美国蒙赛尔（Munsell）色彩体系、德国奥斯特瓦尔德（Ostwald）色彩体系、瑞典自然色彩系统（Natural Color System，NCS）色彩体系和日本色彩研究所PCCS（Practical Color Co-ordinate System）色彩体系。四种色彩体系各有所长，对于了解、研究色彩以及科学性地、标准性地、系统性地应用色彩有着重要的作用及意义。

一、蒙赛尔色彩体系

蒙赛尔色彩体系是 1905 年由美国色彩学家、教育家和艺术家蒙赛尔提出的以色彩三要素为基础的色彩描述系统，后经美国光学会加以修正最终形成。蒙赛尔色彩体系是国际上分类和标定物体表面色最广泛采用的方法，应用于色彩研究、色彩教育、艺术设计、包装产品设计等各个方面。

蒙赛尔色立体的色相环由 10 个基本色相组成，即红（R）、黄（Y）、绿（G）、蓝（B）、紫（P）, 以及它们的中间色黄红（YR）、黄绿（YG）、蓝绿（BG）、蓝紫（BP）、红紫（RP），为了进行更详细的划分，每个色相又分成 10 个等级，构成 100 个色相，将其分布在四周的 360° 中（图 1-21）。

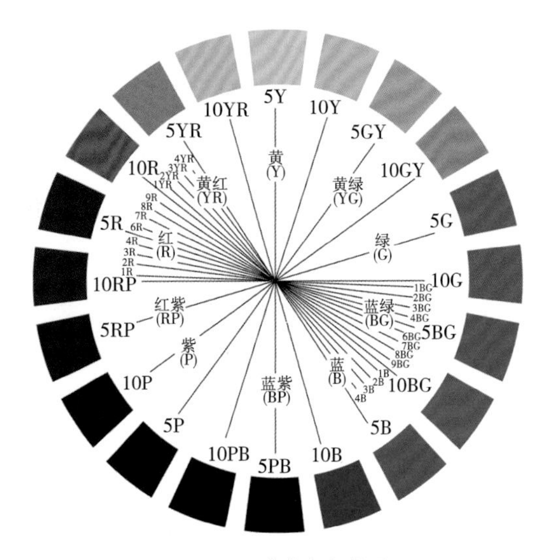

图 1-21　蒙赛尔色相环

蒙赛尔色彩体系中的明度表达，是将反射率为 0 的理想黑设定为 0，反射率为 100% 的白设定为 10，将中间进行等距划分，设定 11 个明度色阶。体系中的纯度表达是将无彩色的纯度设置为 0，随着色彩的鲜艳程度加强而增加数值，不同纯度的最高数值也会因色相不同而各异（图 1-22）。

蒙赛尔色彩系统模型为一个类似球体的三维空间模型，在赤道上是一条色带，球体轴的明度为中性灰，北极为白色，南极为黑色，从球体轴向水平方向延伸出来的是不同级别明度的变化，从中性灰到完全饱和（图 1–23）。

蒙赛尔色彩体系用色相、明度、纯度三个因素来判定颜色，可以全方位定义千百种色彩。

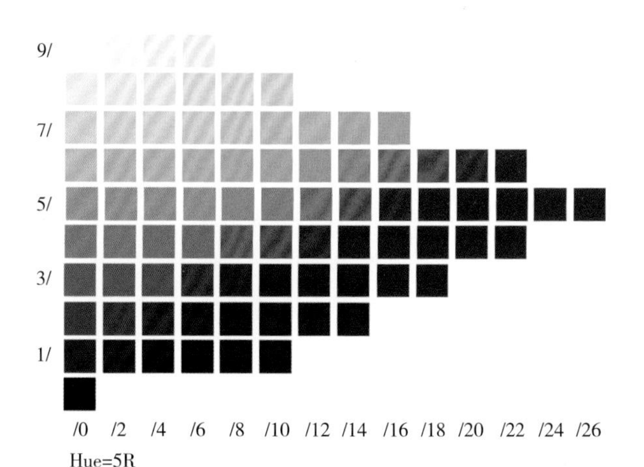

图 1–22 蒙赛尔色立体剖面图

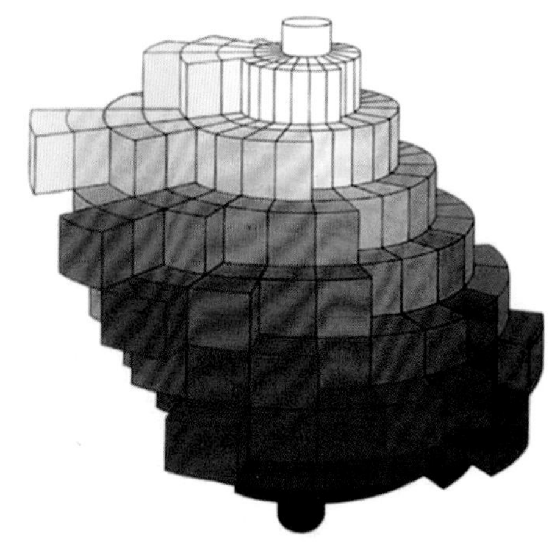

图 1–23 蒙赛尔色立体模型

二、奥斯特瓦尔德色彩体系

奥斯特瓦尔德是德国的物理学家、化学家，他于 1920 年创立奥斯特瓦尔德色立体，并于 1921 年出版了《奥斯特瓦尔德色谱》，后世称为奥氏色立体。奥氏体系尝试建立色空间，并对配色进行指导，对以后的颜色体系影响深远。

奥氏的色相环由 24 色组成，以心理四原色——黄、蓝、红、绿为基本色，并将其放在圆周的四个等分点上形成互补色对，在两色中间又依次产生橙、绿蓝、紫、黄绿四色相 8 色，最后各自三等分形成 24 色色相环（图 1–24）。

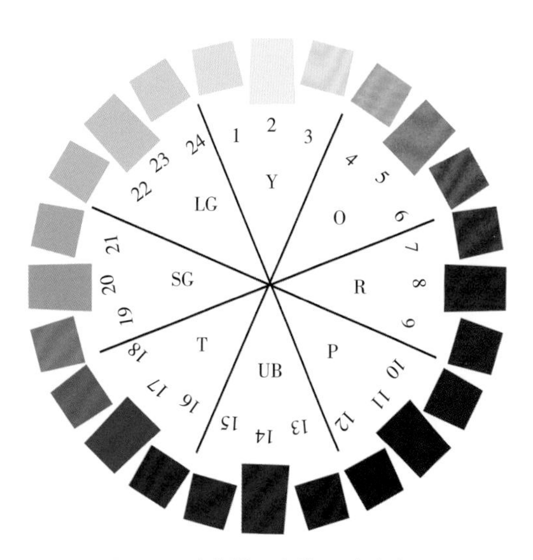

图 1–24 奥斯特瓦尔德 24 色色相环

奥氏色立体的明度中心轴一共 10 级，两极是理想黑（B）和理想白（W），中间 8 级是等差明度，分别用小写英文字母 a、c、e、g、i、l、h、p 来表示。奥氏色立体纯度表达是从中心轴的中心点作垂直线，外端顶点为理想纯色（C），从纯色到黑和白两端形成三角形，为奥氏色相三角图形（图 1–25），将三角形依据 24 色相顺序转一圈组成圆锥体，即奥氏色立体（图 1–26）。

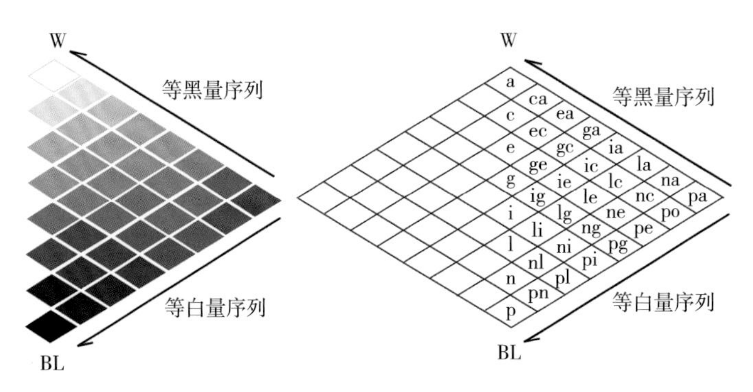

图 1-25　奥斯特瓦尔德色相三角图形

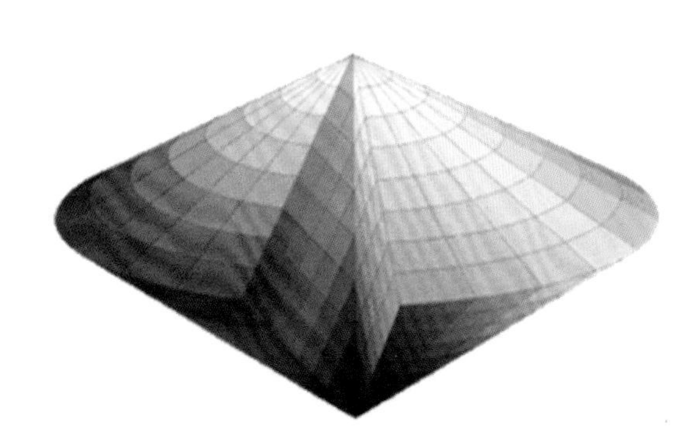

图 1-26　奥斯特瓦尔德色立体模型

三、NCS 色彩体系

NCS 色彩体系的研讨始于 1611 年，1874 年德国科学家赫林的对立色彩理论和色彩概念的自然性为NCS 色彩体系的产生奠定了基础，后续由建筑师、设计师、心理学家、物理学家、化学家等经过数十年的努力，于 1979 年逐步完善形成。NCS 色彩体系在欧洲广泛应用于设计、教育、建筑、工业、商贸等领域，同时它也是国际通用的颜色规范和交流的语言。

NCS 色相环以红 (R)、黄 (Y)、绿 (G)、蓝 (B) 四色为基准色，把圆分成四个象限，每个象限又被分成 100 等格，这样的细分大大丰富了色彩的可选择性 (图 1–27)。

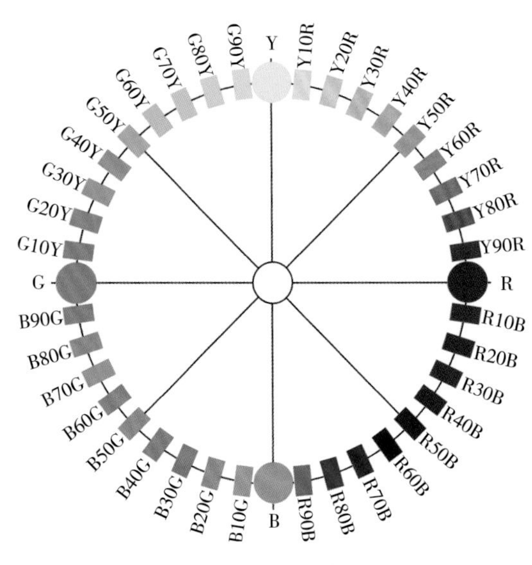

图 1-27　NCS 色相环

NCS色立体是以白色、黑色，以及红、黄、蓝、绿四基准色混合出来的色空间，在三维立体模型中，顶端是白色，底端是黑色，中心部位由四基准色形成一个色相环（图1–28）。NCS色卡的颜色都有对应编号，而且能从编号中找到色彩的各项成分，这使色彩的加工能呈现出更精确理想的效果（图1–29）。

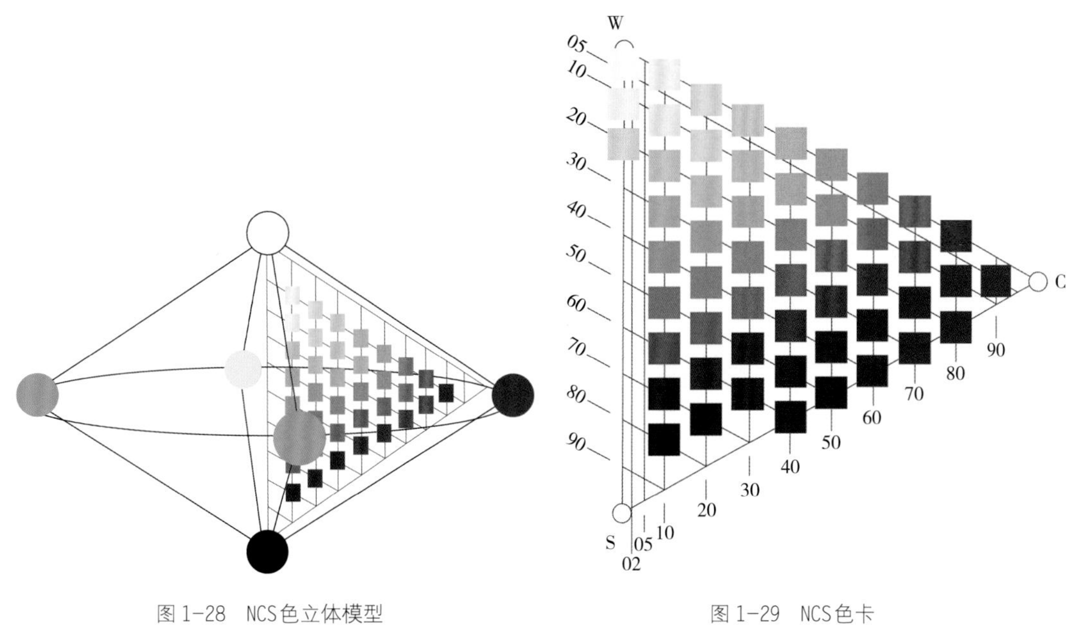

图1–28　NCS色立体模型

图1–29　NCS色卡

四、PCCS色彩体系

PCCS是日本色彩研究所在1964年发表的色彩表色体系，它是在蒙赛尔色立体、奥斯特瓦尔德色立体、NCS色彩体系的基础上优化调整而成的。PCCS色彩体系在配色应用上有很强的商业实操性，特别是在色彩教育、时尚形象设计等相关领域是指导实践的色彩工具。

PCCS的色相环以红、黄、绿、蓝心理四原色为基础色，并将这四种颜色的心理补色放在相对的位置，在已获取的8个色相又等距插入4个色相，最后根据等间隔、等感觉差距的比例分成24个色相的色相环（图1–30）。

PCCS色彩体系把明度划分为18个色阶，黑色为1.0，白色为9.5；把纯度划分为9个等级，无彩色为0S，最纯色为9S。明度和纯度在PCCS系统里结合成色调，将色彩群的外观色表现出12个基本色调倾向，其中无彩色5组，有彩色12组，有彩色组又以纯色调、明清色调、暗清色调、中间色调来进行划分（图1–31）。

PCCS是以色彩调和为目的的色彩体系，其最大的特点就是使用色调指导配色方案。

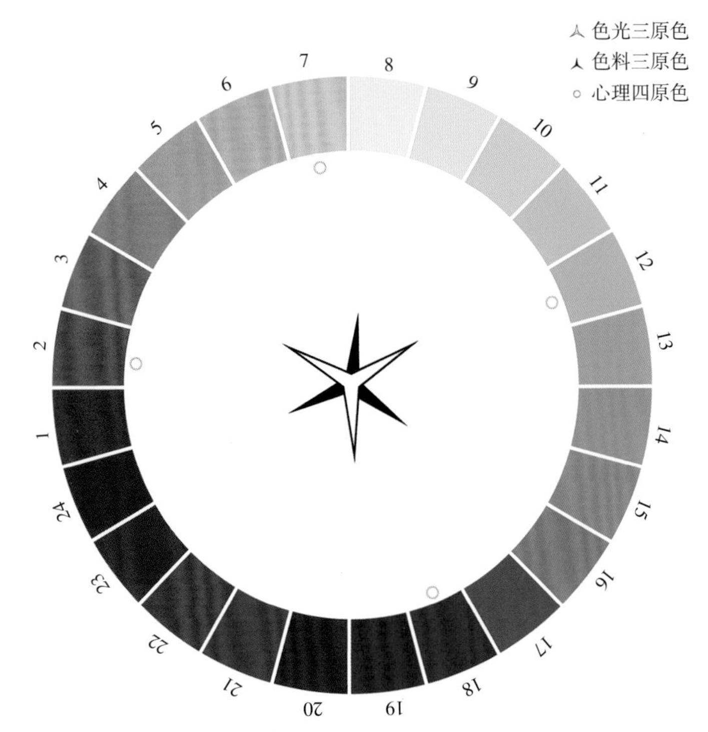

PCCS色相记号	色相名（英名）	PCCS色相记号	色相名（英名）	PCCS色相记号	色相名（英名）
1:pR	Purplish red	9:gY	Purplish red	17:B	Purplish red
2:R	Red	10:YG	Red	18:B	Red
3:yR	Yellowish red	11:yG	Yellowish red	19:pB	Yellowish red
4:r0	Reddish orange	12:G	Reddish orange	20:Y	Reddish orange
5:0	0range	13:bG	0range	21:bP	0range
6:y0	Yellowish orange	14:BG	Yellowish orange	22:P	Yellowish orange
7:yY	Reddish Yellow	15:BG	Reddish Yellow	23:rP	Reddish Yellow
8:Y	Yellow	16:gB	Yellow	24:RP	Yellow

图 1-30　PCCS色相环

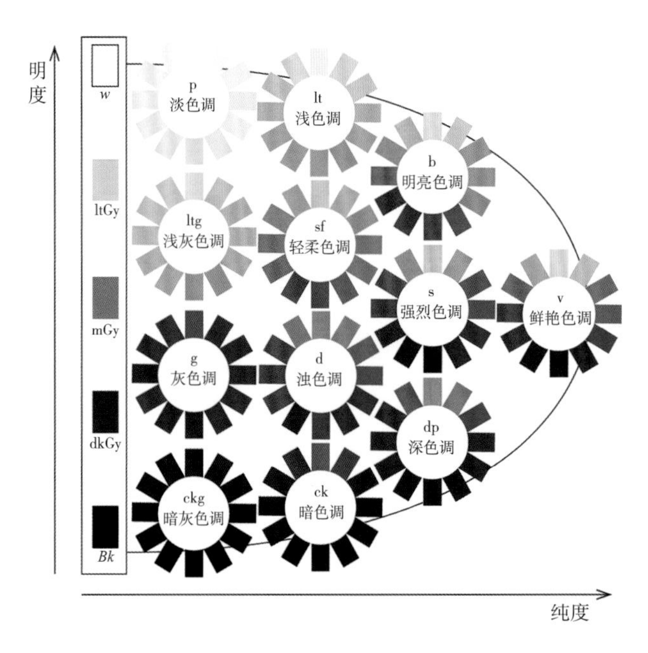

图 1-31　PCCS色调图

第二章

PART 2 色彩的心理与联想

课题名称：色彩的心理与联想

课题内容：单色的心理与联想

色调的心理与联想

色彩的视觉效应

课题时间：4 课时

教学目的：从心理学的角度，了解色彩的联想与不同文化背景下的心理诠释；掌握 PCCS 色调图原理，以及 12 个色调的色彩关系和对应联想；掌握色彩冷暖、轻重、胀缩、进退、静动、质感等色彩视觉效应。

教学重点：单色的色彩意向解读；组合的色彩意向解读；色彩视觉效应的掌握和应用。

作业要求：没有任何形状和材料的限制，完成一幅关于色彩的印象作品，并将色彩印象用文字描述出来，规格 A4。

不同波长和强度的光进入人眼后，经视网膜将信息传递给大脑，大脑的视觉神经会对其进行处理，获得对色彩的最初印象，并进行存储与记录。当再度看到这一色彩时，大脑中的信息被提取出来，会结合自身对世界的观察、对生活的捕捉以及特殊的经历等用色经验，产生对于该色彩的一系列联想。

对于色彩的感性认知有共同性，也有差异性。同一国家、地域、种族的人们，会因为共同的地理、自然、文化、信仰等因素对同一色彩或色调有相同的联想和认知。当然，一种颜色、一个色调通常不止含有一种象征意义，不同年龄、性别、职业、修养、地位、社会背景、教育背景、生活经历的人会对同一种颜色做出截然不同的心理诠释。

人们对于色彩的偏好和选择既有对他人经验的借鉴，也有个人生理因素、情感因素等，带有强烈的主观意识。

第一节　单色的心理与联想

一、黑色

黑色时常让人感到压抑，因为它容易与黑夜、黑暗、寂寞联系到一起（图 2-1）。

黑色在中国的使用有漫长的历史，是尊贵的色彩；由于黑色和铁色相似，自古以来人们便用黑色来形容刚直、正义、无私。在西方社会，黑色是消极的，是“恶兆”的象征，它与邪恶、死亡、神秘相关。

黑色在服饰中是常用色，它给人以高贵、稳定等印象，也可以体现优雅、时髦的气质，是永远不会过时的经典颜色（图 2-2）。

图 2-1　黑色

图 2-2　黑色服饰

二、白色

白色因其纤尘不染和空灵洁净，被认为是最清透、干净的色彩（图 2-3）。

在中国，白色是淳朴的，是衣之本色；留白是中国哲学的智慧表达。另外，白色有时也象征着奸诈、狡猾和虚伪，也会作为丧服的颜色。西方人认为白色高雅、纯洁，是正义、诚实的象征，因此，西方新娘的结婚礼服是白色的。

白色作为基础色之一，是最好搭配、包罗万象的色彩，也是醒目、时髦的色彩(图 2-4)。

图 2-3　白色

图 2-4 白色服饰

三、灰色

灰色介于白色和黑色的中间地带，给人一种不明朗、无倾向性的中立感觉，但也蕴含无限丰富的可能。灰色容易让人联想到高科技、机器、飞机、建筑等，既有科技感，也有冷酷的感觉。由于灰色与阴天有关联，也会使人产生单调感、压抑感（图 2-5）。

在中国，不同轻重的灰色，是中国画的烟墨之色，是沉稳、考究的代表。在西方，灰色不仅是素描中的灰调子，而且是极简主义的代表色彩。

灰色在服装中是精致、细腻、含蓄的颜色，常与黑色、白色，以及其他有彩色搭配使用（图 2-6）。

图 2-5 灰色

图 2-6　灰色服饰

四、红色

红色让人联想到太阳、红灯笼等，给人温暖的感觉，是爱的色彩；当红色与火联系到一起时，让人联想到暴力、愤怒、战争，是激进的色彩；红色可与名人、重大事件相关联，如明星所踏的红地毯；红色也表示危险，大多数警示颜色都是红色的，如交通灯中的红色代表停止（图 2-7）。

在中国，红色是繁荣和幸福的颜色，它被认为可以带来好运，大红色是婚礼上新娘礼服的颜色。在西方，红色不仅有荣誉、尊贵的象征，也代表危险和紧张。

不同类型的红色寓意不同，如粉红色意味着健康，是女性化的色彩；桃红色鲜艳明媚，是活力的表现；酒红色古典稳重，是成熟经典的服装用色（图 2-8）。

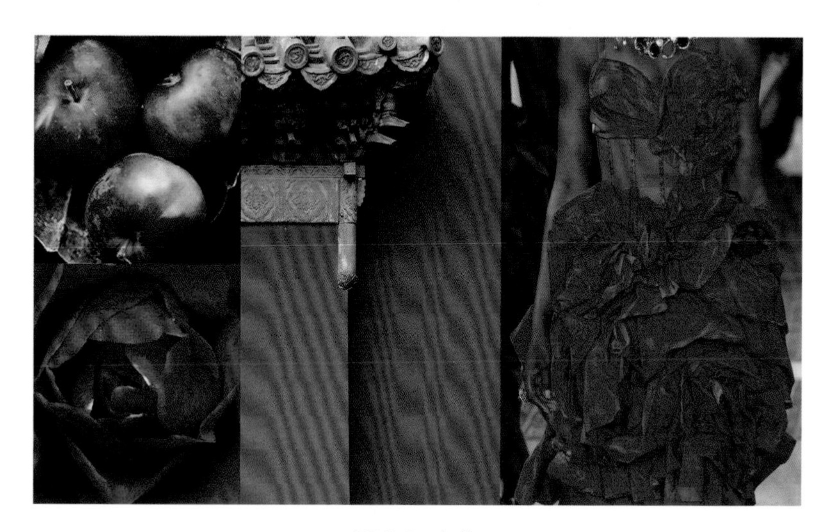

图 2-7　红色

图 2-8　不同明度、纯度的红色服饰

五、橙色

橙色是黄色过渡至红色的颜色。橙色让人联想到橙子，它明亮且富有朝气，是具有活力和积极向上的色彩，代表活泼、乐观与健康；另外，人们有感于秋季树叶的变化，常常将橙色与秋天联系到一起，此时它代表变化和运动；橙色在工业安全用色中是警戒色，如环卫服、救生衣等都使用橙色（图 2-9）。

在中国，橙色是日光之色，是朱柿之颜色，代表富贵、幸福和爱情。在西方，橙色象征亲和、独特，是充满生命力的颜色。

浅橙色有香甜的感觉；当橙色渐渐加深变成褐色时，它又成为安逸的代名词；深褐色既是大地的颜色，也是生命本初的色彩（图 2-10）。

图 2-9　橙色

图 2-10　不同明度、纯度的橙色服饰

六、黄色

黄色让人联想到阳光，是幸福、温暖的色彩；黄色的反射性最强，最容易被注意到，因此明亮的黄色有警示作用，人们也认为黄色伴随着危险（图 2-11）。在古代中国，黄色是象征皇权的色彩，有“天地玄黄”之说。在西方，黄色是嫉妒、吝啬的象征。

明亮的黄色可以传达幸福和快乐；柔和的黄色让人感到幸福和平静；暗黄色、金色调和黄色，与古董和金碧辉煌的建筑相关联，使设计具有永恒感（图 2-12）。

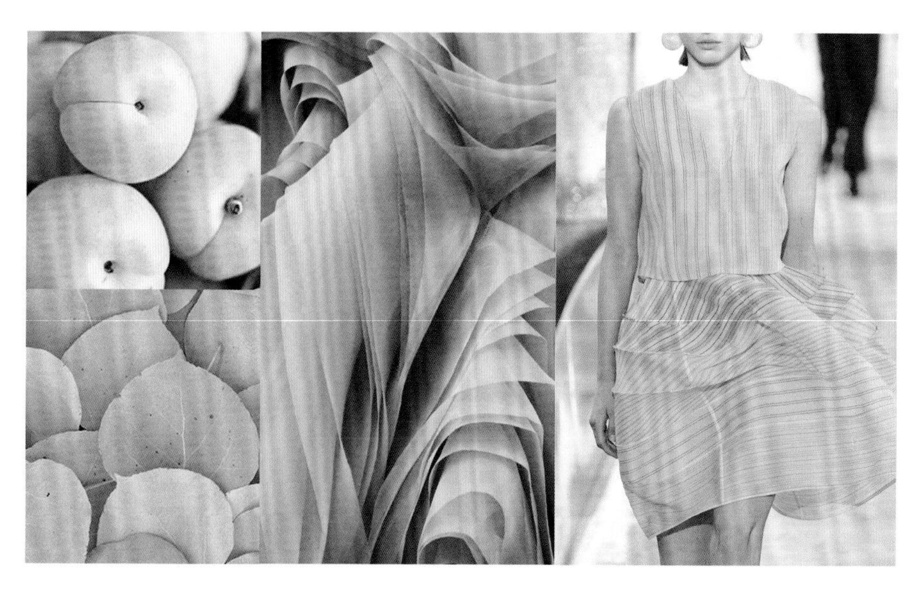

图 2-11　黄色

图 2-12　不同明度、纯度的黄色服饰

七、绿色

绿色是万物生灵的颜色，让人联想到生机勃勃的春天和绿色的植物，它代表生命的伊始和生长，意味着更新和丰富（图 2-13）。

在中国，绿色是五行中木的象征；绿色和金色是联系在一起的，它不仅是建筑物装饰的“金碧辉煌”，也是金色经过风蚀和氧化最后呈现的色彩，所以绿色不仅代表生命，还代表时间。在西方，绿色是金钱、财富和资本的象征；绿色有新鲜和未成熟的感觉，可引申出缺乏经验的意思；有时，绿色也表示眩晕、中毒等。

明亮的绿色是活力的表现；橄榄绿色代表自然的世界；深绿色是稳定和富裕的代表（图 2-14）。

图 2-13　绿色

图 2-14　不同明度、纯度的绿色服饰

八、蓝色

蓝色通常让人联想到广袤的天空、山川、海洋和宇宙，使人产生广阔、博大、深邃的印象；大海是孕育生命的摇篮，因此，蓝色也是生命的色彩；蓝色代表冷静、理智和安详，也象征悲伤与孤独（图 2-15）。

在中国，青色是五正色之首，“青取之于蓝而胜于蓝”的靛蓝、“雨过天青云破处”的天青色，都使蓝色成为充满想象和温度的东方色彩。在西方，“蓝的血”指的是“名门望族的血统”，是尊贵的色彩，也是勇士忠诚的色彩。

淡蓝、冰蓝、水蓝冷峻清新；天蓝、宝蓝、群青跳跃活泼；钴蓝、靛蓝沉静稳重；普蓝、藏蓝深邃神秘（图 2-16）。

图 2-15　蓝色

图 2–16　不同明度、纯度的蓝色服饰

九、紫色

紫色兼具暖色的奔放和冷色的优雅，让人联想到葡萄，有成熟、丰富的感觉，因此紫色常与传统的财富及特权相关联；紫色也是娇媚、性感、华丽、高雅的色彩（图 2–17）。

在中国，紫色是尊贵的颜色，虽然它不是正色，但与帝王、圣人等紧密联系，被赋予神秘、富贵的气质，是祥瑞的色彩。在西方，紫色象征幸福和希望，与皇室和贵族文化联系密切，是罗马帝国皇帝衣着的色彩。

暗紫色有奢华感，而较浅的紫色，如薰衣草、丁香花的淡紫色被认为是浪漫、雅致的颜色（图 2–18）。

图 2–17　紫色

图 2-18　不同明度、纯度的紫色服饰

第二节　色调的心理与联想

人们在选择一组色彩的同时，也选择了该色彩所具有的形象。不同色调带给人不同的心理感受，日本色彩研究所PCCS色调图通过色彩心理的探求，用体现人类感性价值的词汇将色彩、配色、环境以及人有机结合起来，诠释了色调联想。正确合理地使用色调组合可以使设计的诉求表达更加精准。

在PCCS色调图中，纯度最右边是纯色的鲜艳色调；坐标轴上方的淡色调、浅色调、明亮色调是在纯色的基础上加了不同份数的白，整体称为明清色；坐标轴下方的深色调、暗色调、暗灰色调则是在纯色的基础上加了不同份数的黑，整体称为暗清色；坐标轴中间的色调是在纯色的基础上加入不同份数的灰，因此整体称为中间色（图2-19）。

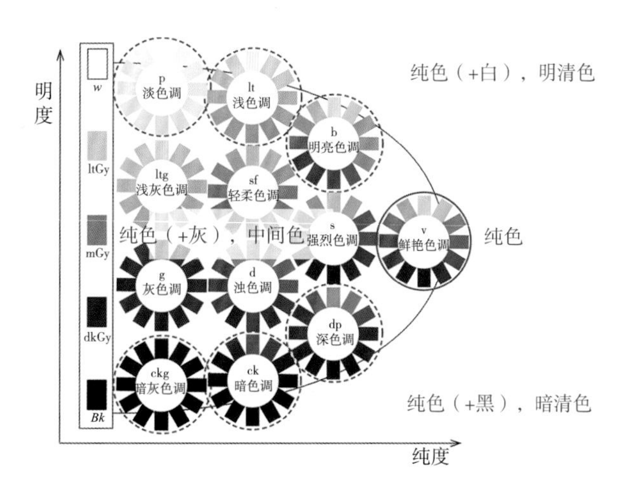

图 2-19　PCCS色调图不同色调的划分

一、纯色调

纯色调是鲜艳色调，它能量大、饱和度最高，主要是色相的对比。这类色彩组合动感十足，让人感到兴奋与刺激的同时，也感到喧杂和吵闹，有鲜艳、活泼、动感、强烈的感觉。鲜艳色调常用于表现童稚的、跨文化的、多样化的、运动的服装（图 2–20）。

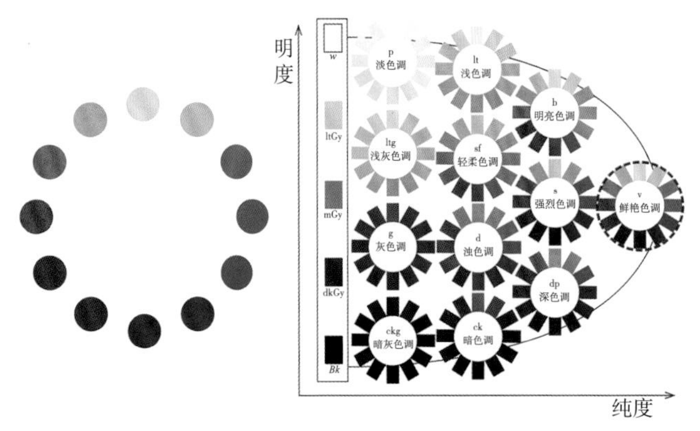

图 2–20　纯色调

二、明清色调

1. 明亮色调

明亮色调是高纯度、中高明度的色调，是在纯度中加入了少量的白（W=1）。明亮色调有明快、鲜活、清新的感觉，多用于表现青春的、欢快的、童趣的服装（图 2–21）。

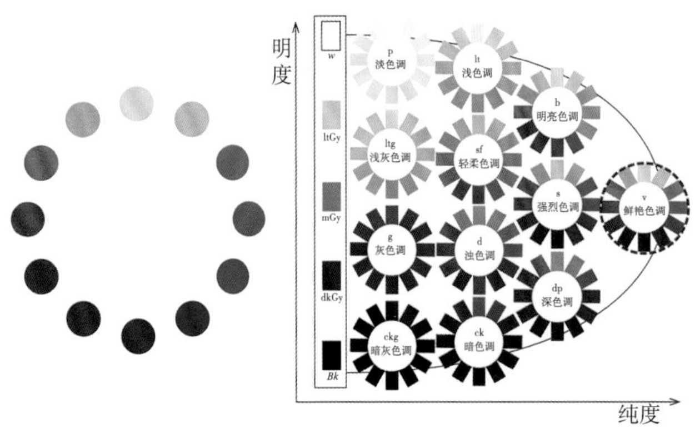

图 2–21　明亮色调

2. 浅色调

浅色调是中纯度、高明度的色调，是在纯度中加入了中量的白（W=2）。浅色调有田园、梦幻的感觉，多用于表现甜美的、娇艳的、明媚的服装（图 2–22）。

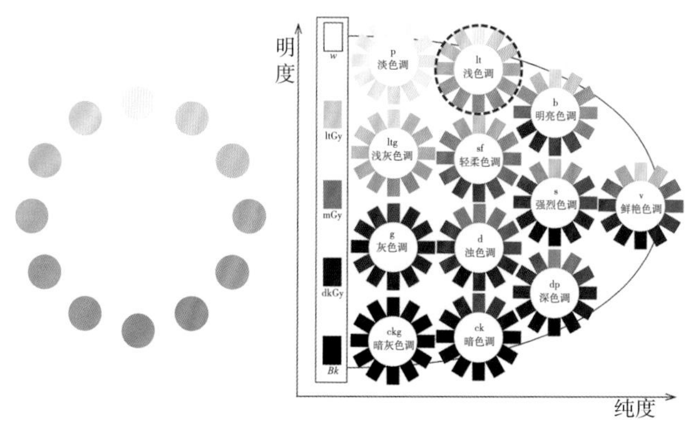

图 2–22　浅色调

3. 淡色调

淡色调是低纯度、高明度的色调，是在纯色中加入大量的白（*W*=3）。淡色调有简单、纯粹、安静、柔和的感觉，多用于表现高贵的、简约的、舒适的服装（图 2–23）。

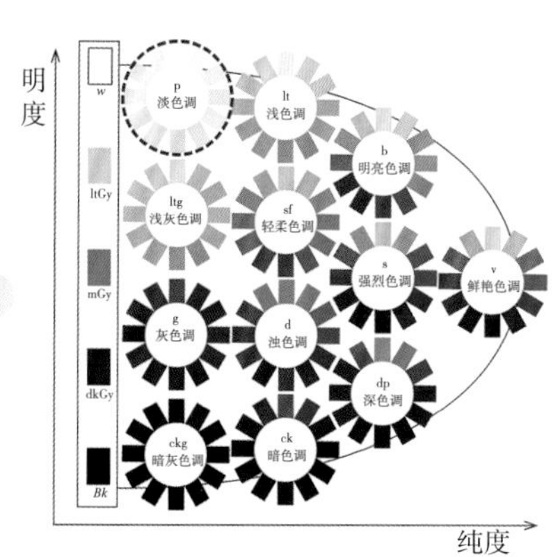

图 2–23　淡色调

三、暗清色调

1. 深色调

深色调是高纯度、中低明度的色调，是在纯色中加入少量的黑（*Bk*=1）。深色调比纯色更浓烈，有野性的、大胆的感觉，常用于表现律动的、成熟的、异域的服装（图 2–24）。

2. 暗色调

暗色调是中纯度、低明度的色调，是在纯色中加入中量的黑（*Bk*=2）。暗色调有厚重的、沉稳的、复古的感觉，意味深邃且富有文化气息，有高贵和财富的格调，常用于表现丰富的、传统的和充满历史感的服装（图 2–25）。

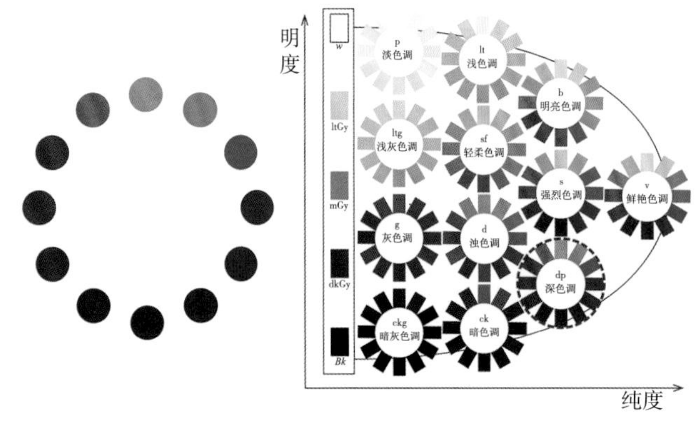

图 2-24　深色调

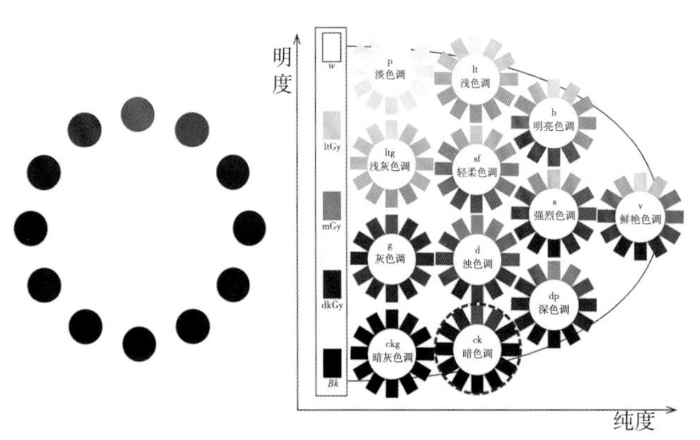

图 2-25　暗色调

3. 暗灰色调

暗灰色调是低纯度、低明度的色调，是在纯色中加入大量的黑（*Bk*=3）。暗灰色调有深沉的、严谨的、坚定的、信赖的感觉，常用于表现正式的、绅士的、怀旧的、有权威感的服装（图 2-26）。

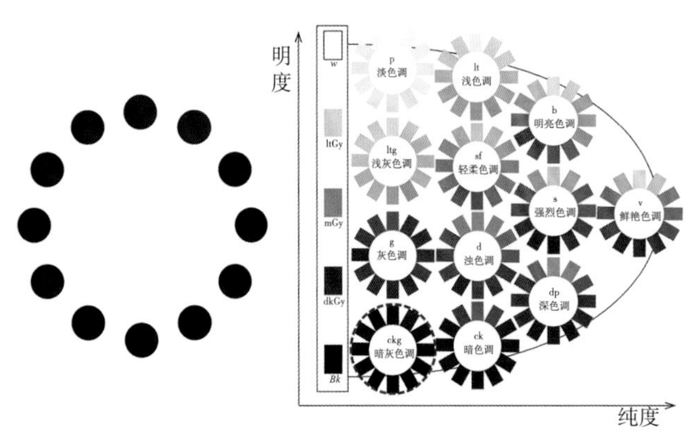

图 2-26　暗灰色调

四、中间色调

1. 强烈色调

强烈色调是高纯度、中明度的色调，是在纯色中加入少量的灰（*Gy*=1, 黑白量相等）。强烈色调的色彩给人醒目的、兴奋的、跳动的感觉，同样适用于表达涂鸦的、童稚的、跨文化的、个性鲜明的服装（图 2–27）。

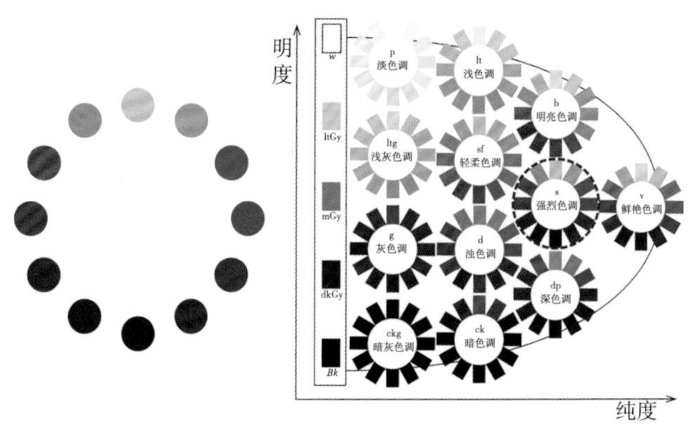

图 2–27　强烈色调

2. 轻柔色调

轻柔色调是中纯度、中高明度的色调，是在纯色中加入更多的灰（*Gy*=2, 白多黑少）。轻柔色调给人自然、安静、温柔、浪漫的感觉，适合表达简朴的、自然的、田园的服装（图 2–28）。

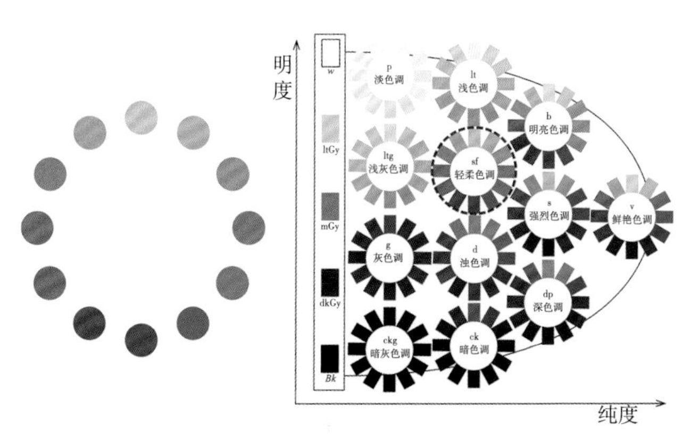

图 2–28　轻柔色调

3. 浊色调

浊色调是中纯度、中低明度的色调，是在纯色中加入更多的灰（*Gy*=2, 黑多白少）。浊色调给人亲近自然的、质朴的、稳重的感觉，适合表现休闲、舒适的服装（图 2–29）。

4. 浅灰色调

浅灰色调是低纯度、中高明度的色调，是在纯色中加入大量的灰（*Gy*=3, 白多黑少）。浅灰色调给人雅致的、都市的、讲究的感觉，适合表现高档、精致的服装（图 2–30）。

5. 灰色调

灰色调是低纯度、中低明度的色调，是在纯色中加入大量的灰（*Gy*=3，黑多白少）。灰色调给人中性的、质朴的、都市的、知性的、安静的感觉，适合表现深沉、怀旧的服装（图 2–31）。

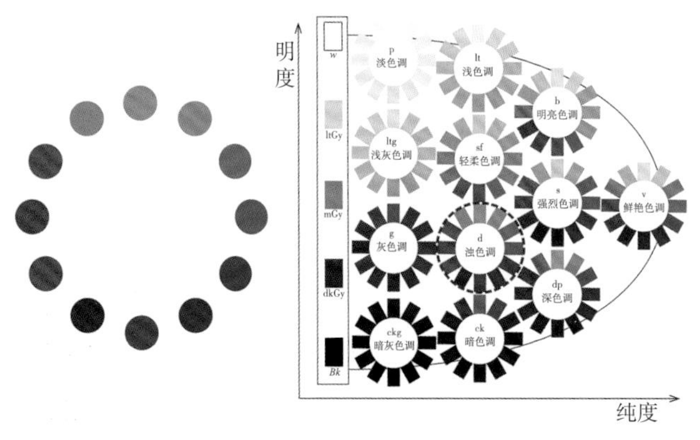

图 2–29　浊色调

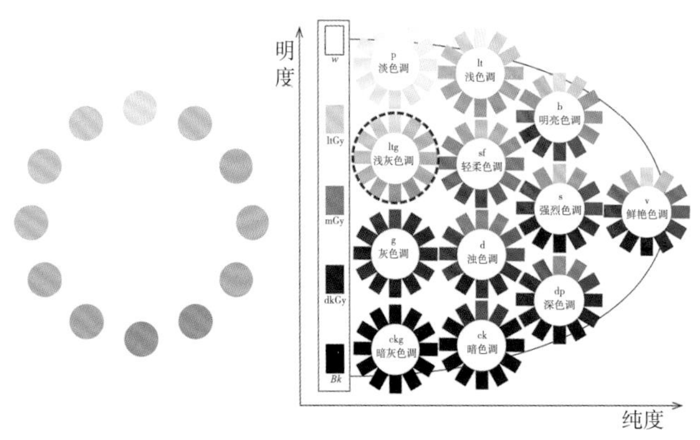

图 2–30　浅灰色调

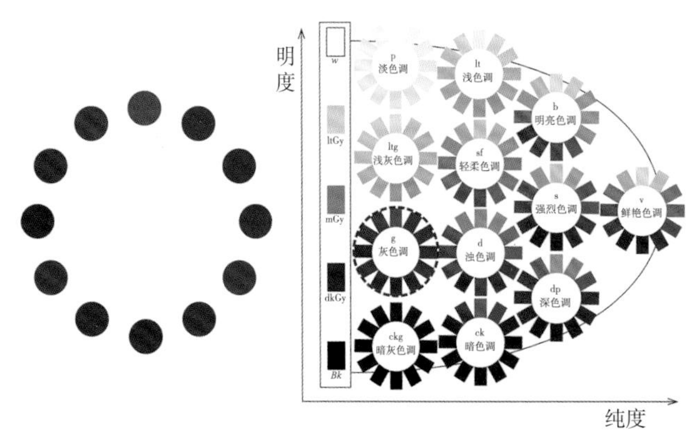

图 2–31　灰色调

第三节　色彩的视觉效应

一、色彩的冷暖

冷色是蓝色到蓝绿色区间的颜色，让人联想到冰川、湖泊，给人寒冷的感觉，是平静和收缩的颜色；暖色是红色到黄色区间的颜色，让人联想到太阳，给人温暖的感觉，是耀眼且充满活力的颜色（图 2–32）。色相环中的黄绿色、绿色和紫色没有特别强烈的冷暖感觉，被称为中性色（图 2–33）。

值得注意的是，色彩的冷暖是相对的。例如，柠檬黄色与蓝色相比属于暖色，但与同是暖色的橙色相比，又相对偏冷。

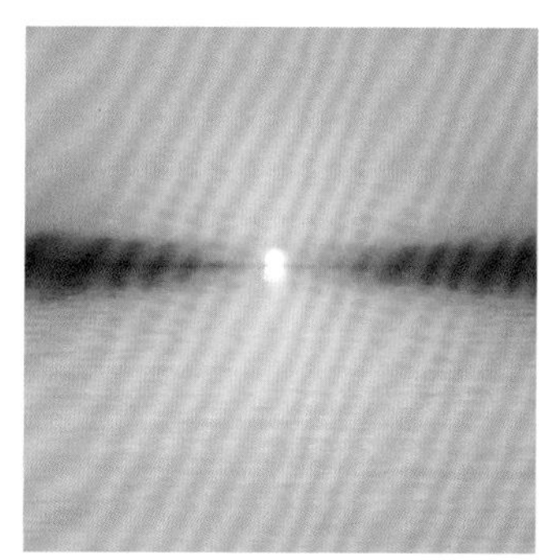

图 2–32　色彩的冷暖对比

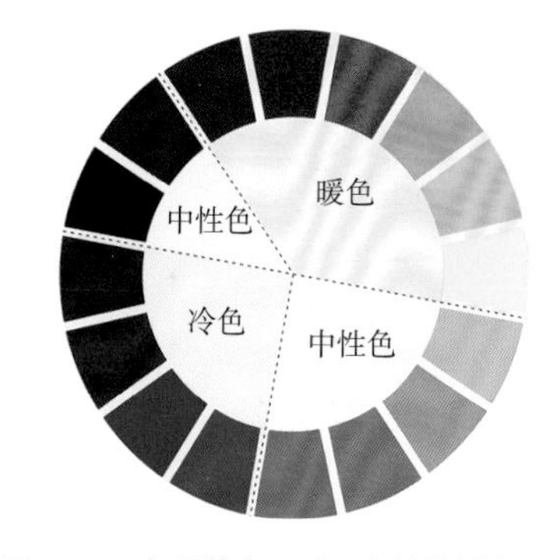

图 2–33　色彩的冷、暖、中性的划分

二、色彩的轻重

色彩的三要素都与视觉效应的轻重相关联。从色相上看，冷色偏轻，暖色偏重（图 2–34）；从明度上看，明度高的颜色偏轻，明度低的颜色偏重（图 2–35）；从纯度上看，纯度高的颜色偏轻，纯度低的颜色偏重（图 2–36）。

三、色彩的胀缩

色彩可以改变视觉对事物膨胀、收缩的感知和判断。暖色、高纯度色、高明度色、白色在视觉上有膨胀的感觉，看起来似乎要比实际尺寸大；而冷色、低纯度色、低明度色、黑色有退隐、收缩的感觉，看起来比实际尺寸小（图 2–37）。

图 2–34　不同色相的轻重对比

图 2–35　不同明度的轻重对比

图 2–36　不同纯度的轻重对比

图 2–37　冷暖色膨胀收缩对比

四、色彩的进退

在色相上，暖色有前进的感觉，冷色有后退的感觉；在纯度上，纯度高的色彩向前，而纯度低的色彩退后（图 2–38）；明度也是表现空间的重要方式，明度高的色彩比明度低的色彩靠前，白色比黑色更有前进的感觉，与黑白的极端明度相比，灰色则有居中感觉，但不同明度的灰色同样有空间上的视觉差别（图 2–39）。

图 2–38　纯度高靠前、纯度低靠后

图 2–39　明度高靠前、明度低靠后

五、色彩的静动

色彩的静动感由三个主要因素组成，分别是色相异同多寡、色相差多少、色彩的模糊与清晰。

1. 色相异同多寡

单色配色只有颜色明度和纯度的变化，色彩效果统一且调和，令人产生安静的感觉；多个不同色相的组合，色彩丰富，对比变化大，有跃动的感觉（图 2-40）。

图 2-40　单色配色与不同色相配色的静动感

2. 色相差多少

色相之间相差较小，对比弱，显得安静统一；色相之间相差较大，对比强烈，视觉冲击力强，显得动感十足（图 2-41）。

图 2-41　小色相差配色与大色相差配色的静动感

3. 色彩的模糊与清晰

单色、邻近色、类似色的配色颜色相近，令人视觉上感到模糊，有静的感觉；对比色、互补色的配色、高纯度色彩+黑色或白色的配色，都有令人一目了然的效果，色彩跳跃性强（图 2-42）。

图 2-42　模糊配色与清晰配色的静动感

六、色彩的质感

色彩与质感在视觉印象上是相互作用的，人们根据长时间的视觉经验，当看到某一种颜色时，就会本能地联想到对应的物质。如看到金属色，会联想到金属；看到深褐色，会联想到粗糙的大地，材质和颜色是一同被记住的。

不同色相、纯度和明度的色彩面料也会给人以软硬、粗细、光涩、清浊等质感。例如，亮度高、纯度高的颜色有光滑、圆润的感觉（图 2-43）；明度低、纯度低的颜色有粗糙、质朴、坚硬的感觉（图 2-44）；明度高、纯度低的颜色有细腻、丰润、柔软的感觉（图 2-45）。

在服装设计中，材料质感与适当的色彩进行搭配，能更好地传达物质的属性，给人以视觉上的美感和信赖感。

图 2-43　亮度高、纯度高的颜色有光滑、圆润感

图 2-44　明度低、纯度低的颜色有粗糙、质朴、坚硬感

图 2-45　明度高、纯度低的颜色有细腻、丰润、柔软感

第三章

PART 3

色彩设计的原理

课题名称： 色彩设计的原理

课题内容： 色彩设计的基本理论

色彩设计的基本方法

课题时间： 10课时

教学目的： 通过学习，掌握色彩设计的六种基本配色类型和其他配色类型，掌握色相、明度、纯度、色调四种配色基本方法，并熟练应用于服装色彩设计中。

教学重点： 掌握色彩设计的基本理论，并通过课程实践掌握色彩设计的配色方法。

作业要求： 1. 绘制一个服装造型，选择一个颜色作为主色，进行基于色相的服装同形异色练习6款（同一色、邻近色、类似色、中差色、对比色、互补色），规格A4。

2. 绘制一个服装造型，进行基于明度的服装同形异色练习6款（高明度+高明度，高明度+中明度，高明度+低明度，中明度+中明度，中明度+低明度，低明度+低明度），规格A4。

3. 绘制一个服装造型，进行基于纯度的服装同形异色练习6款（高纯度+高纯度、高纯度+中纯度、高纯度+低纯度、中纯度+中纯度、中纯度+低纯度、低纯度+低纯度），规格A4。

4. 绘制一个服装造型，进行基于色调的服装同形异色练习3款（同一色调配色、类似色调配色、对比色调配色），规格A4。

第一节 色彩设计的基本理论

一、色相环

色相环是由带有色倾向的纯色构成的，为了系统地表达色相的变化，将红、橙、黄、蓝、绿、紫等色以环状首尾相连。色相环是色彩搭配的基础（图 3–1）。

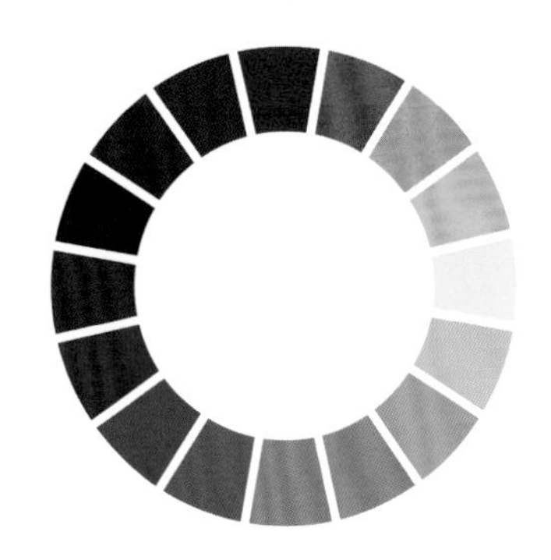

图 3–1　色相环

二、六种基本配色类型

色彩有六种基本配色类型，形成或调和、或对比的色彩搭配效果（图 3–2）。

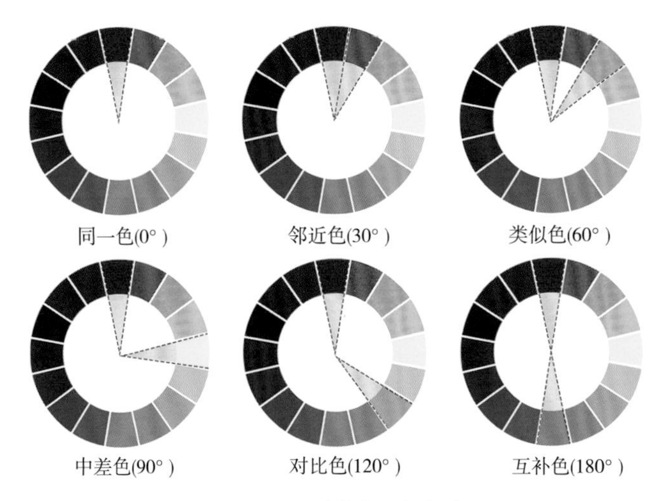

图 3–2　六种基本配色类型

1. 同一色

在色相环中角度接近 0° 或与之接近的色彩为同一色。

2. 邻近色

在色相环中相距 30° 左右，或者彼此相隔一个数位的色彩为邻近色。

3. 类似色

在色相环中相距 60° 左右，或者彼此相隔两个数位的色彩为类似色。

4. 中差色

在色相环中相距 90° 左右，或者彼此相差三个数位的色彩为中差色。

5. 对比色

在色相环中相距 120° 左右，或者彼此相差四个数位的色彩为对比色。

6. 互补色

在色相环中相距 180° 左右，或者彼此相差五个数位的色彩为互补色，如红色和绿色。

三、其他配色类型

1. 分裂补色配色

分裂补色配色是指在互补色的一侧分裂出的配色，形成既对比又调和的色彩关系（图 3–3）。

2. 三色配色

三色配色是指在色相环中取等边三角形的三个顶点上的颜色进行配色，形成对比强烈的色彩关系（图 3–4）。

3. 四色配色

四色配色是指在色相环中取正方形或长方形的四个顶点上的颜色进行配色，形成既对比又调和的色彩关系（图 3–5）。

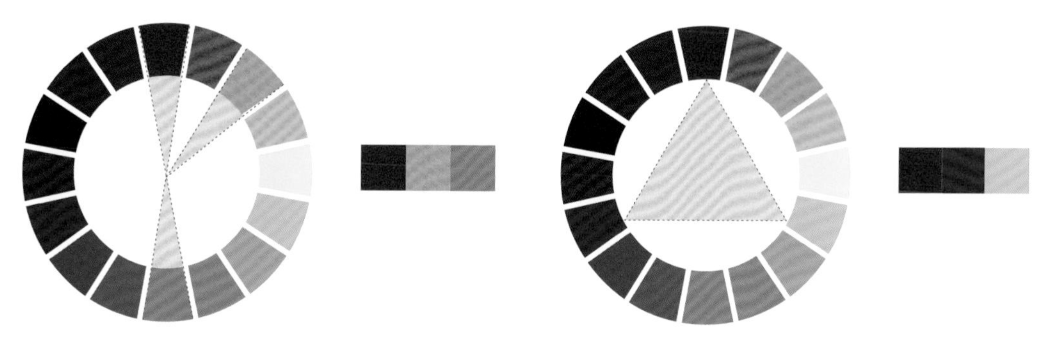

图 3–3 分裂补色配色

图 3–4 三色配色

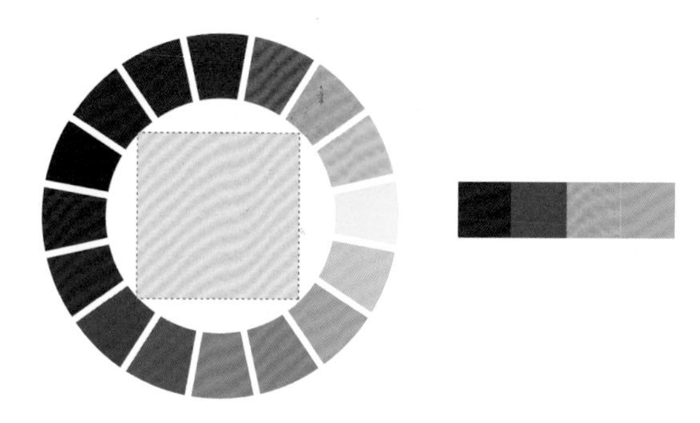

图 3–5 四色配色

第二节 色彩设计的基本方法

一、基于色相的配色

1. 和谐统一的色相配色

（1）同一色配色

同一色配色是以一个单位颜色作为基础色，并以这个单位颜色的饱和度和亮度的变化作搭配而形成的，是最为调和的配色方式（图 3–6）。

（2）邻近色配色

邻近色配色是一个主色与它相邻 30° 颜色的搭配，是视觉效果较为和谐的配色方式（图 3–7）。

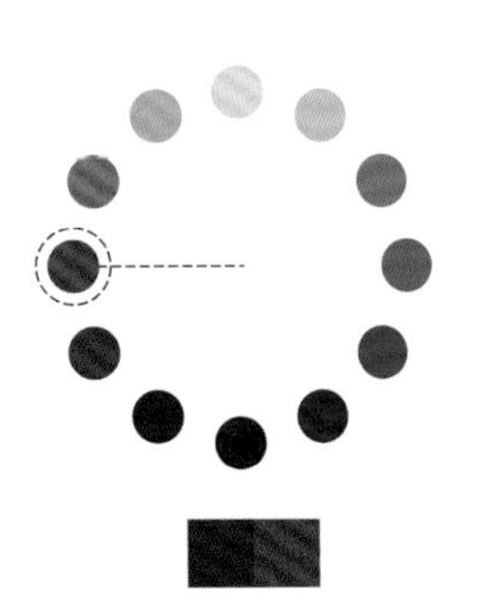

图 3–6　同一色配色

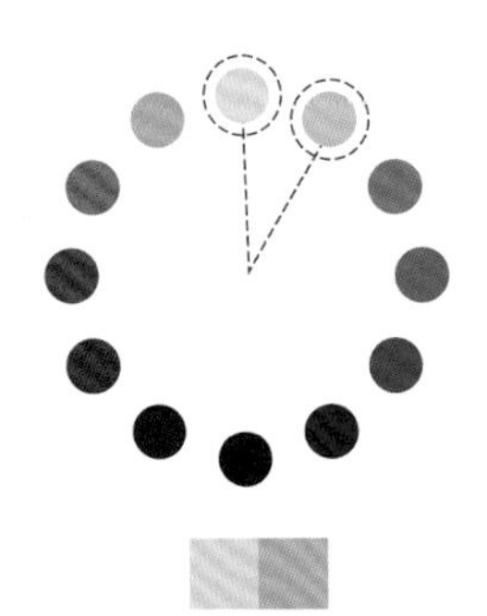

图 3–7　邻近色配色

（3）类似色配色

类似色配色是一个主色与它相隔 60° 颜色的搭配，同样是较为调和、稳定的配色方式（图 3–8）。

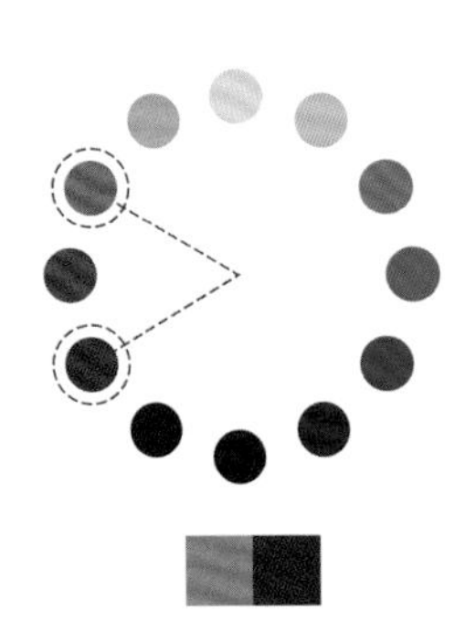

图 3–8　类似色配色

2. 和谐变化的色相配色

中度色配色是一个主色与其相距 90° 左右，或者彼此相差三个数位的颜色搭配，是调和中带有一定对比变化的配色（图 3–9）。

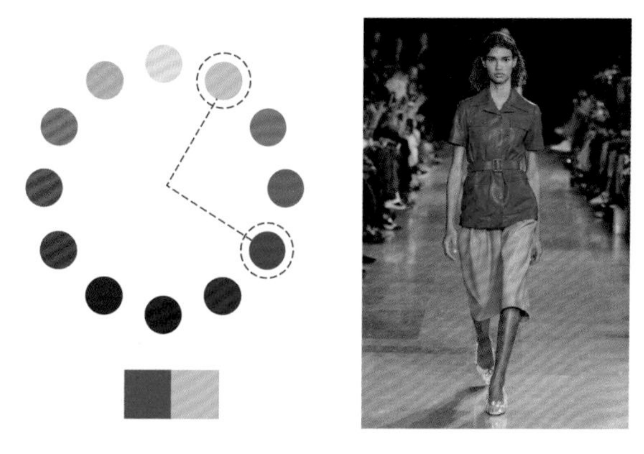

图 3–9　中度色配色

3. 对比强烈的色相配色

（1）对比色配色

对比色配色是一个主色与其相距 120° 左右，或者相距四个数位的颜色搭配，构成明显差异的冲突视觉效果（图 3–10）。

（2）补色配色

补色配色是一个主色与其相距 180° 左右，或者相距五个数位的颜色搭配。补色配色是对比最强烈的色彩组合，容易产生刺激和不安定感（图 3–11）。

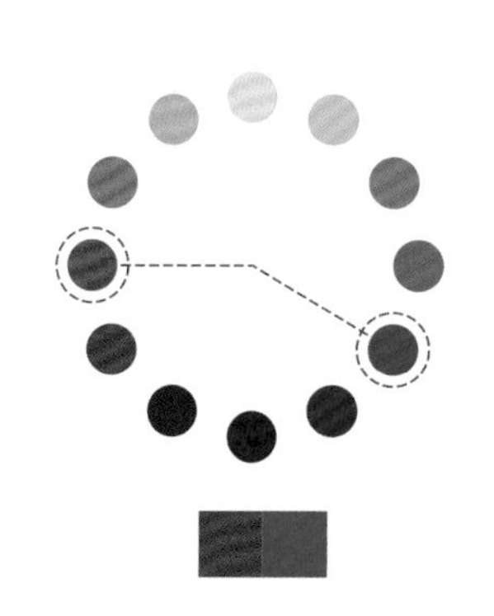

图 3–10　对比色配色

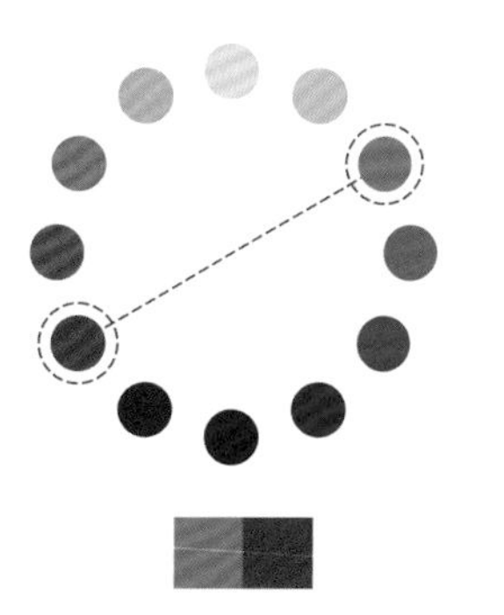

图 3–11　补色配色

二、基于明度的配色

以明度为主的配色方式有六种：高明度 + 高明度、高明度 + 中明度、高明度 + 低明度、中明度+中明度、中明度+低明度、低明度+低明度。

1. 无彩色明度的配色

无彩色没有色相，只有明度的变化，包含黑、白及不同程度的灰色。无彩色被称为永远的流行色，是不会过时的安全色，因此，黑、白、灰的无彩色搭配在日常生活中最为常见。黑、白、灰不仅可以单色形式整体出现，也有黑白配、黑灰配、灰白配的搭配方式（图 3-12）。其中黑白配最为经典，它是高明度与低明度的搭配，在明度的两极，色彩极其分明，男士衬衣与西服的搭配就是黑白配的典型案例。

图 3-12　无彩色配色

2. 有彩色相同明度的配色

有彩色中高明度+高明度、中明度+中明度、低明度+低明度的彩色搭配，因明度的一致性缩小了色彩之间的对比，整体配色趋于调和，即便是对比色相的色彩也会显得朦胧而神秘（图 3-13~图 3-15）。

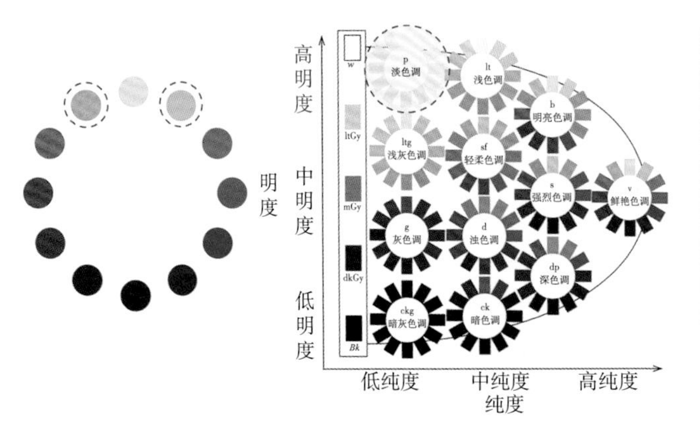

图 3-13　类似色高明度+高明度的搭配

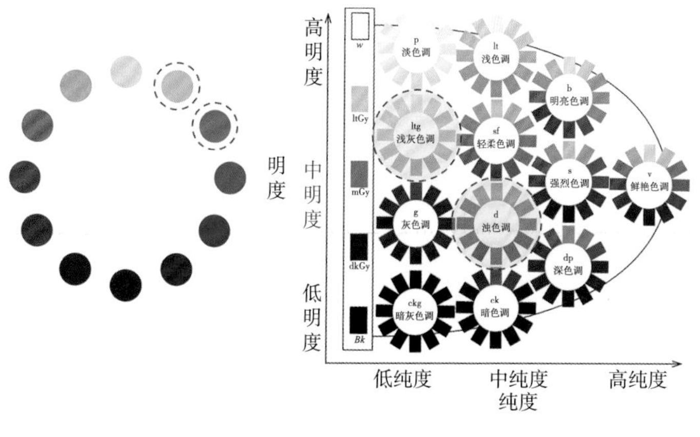

图 3-14　邻近色中明度 + 中明度的搭配

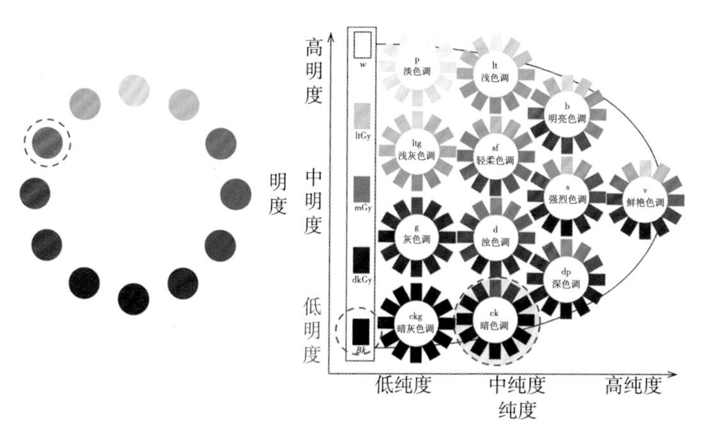

图 3-15　低明度 + 低明度的搭配

3. 有彩色略微不同明度的配色

有彩色中高明度 + 中明度、中明度 + 低明度的搭配，明度差异较为平均，色彩搭配调和中带有变化，展现出和谐中又有稍许变化的视觉效果（图 3-16、图 3-17）。

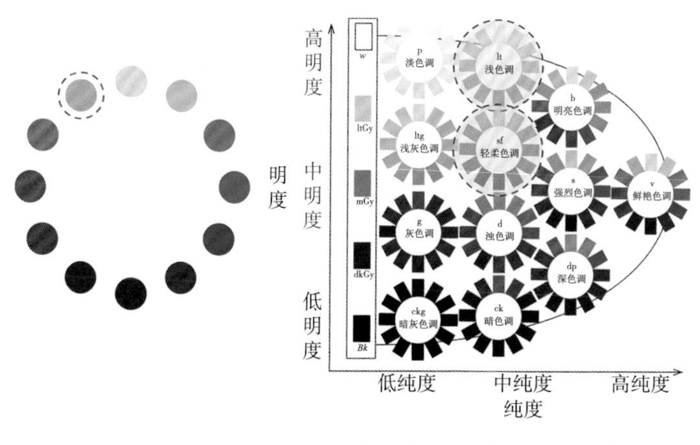

图 3-16　同一色高明度 + 中明度的搭配

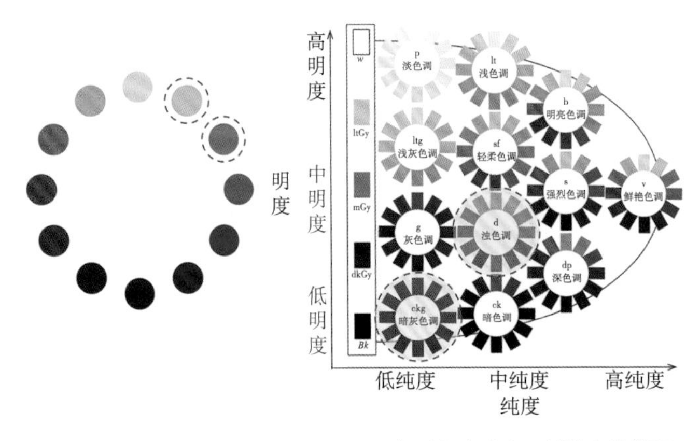

图 3-17　邻近色中明度+低明度的搭配

4. 有彩色对比明度的配色

有彩色中高明度+低明度的配色，明暗对比鲜明，即使色相差小的色彩使用这种明度配色的方法也会产生强烈的对比效果（图 3-18）。

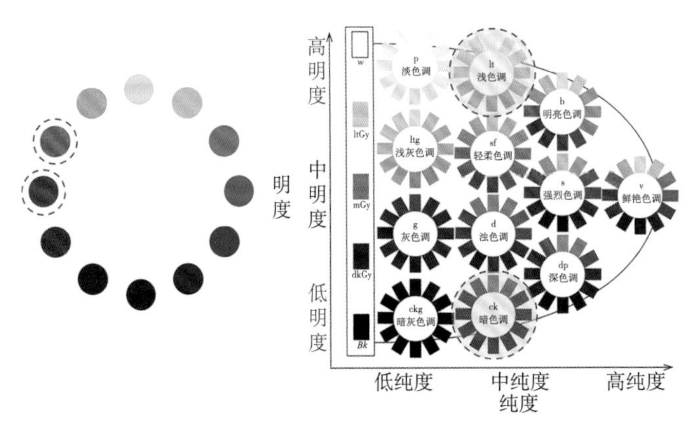

图 3-18　邻近色高明度+低明度的搭配

三、基于纯度的配色

以纯度为主的配色方式有六种：高纯度+高纯度、高纯度+中纯度、高纯度+低纯度、中纯度+中纯度、中纯度+低纯度、低纯度+低纯度。

其中，高纯度+高纯度、中纯度+中纯度、低纯度+低纯度属于相同纯度配色；高纯度+中纯度、中纯度+低纯度属于略微不同纯度配色；高纯度+低纯度属于对比纯度配色。

基于纯度的色彩搭配会根据色相、明度的不同产生多样的效果，与基于明度的色彩搭配相比情况更复杂、效果更丰富。

1. 相同纯度配色

色相环中相邻色彩的低纯度+低纯度、中纯度+中纯度搭配，会显得安静柔和；色相环相距较远的中纯度+中纯度对比中带有一丝调和；色相环中相邻的高纯度+高纯度的组合因为色相接近显得调和，但却因为纯度高显得明媚而耀眼；而相距较远的高纯度+高纯度的搭配对比最为强烈（图3-19~图3-21）。

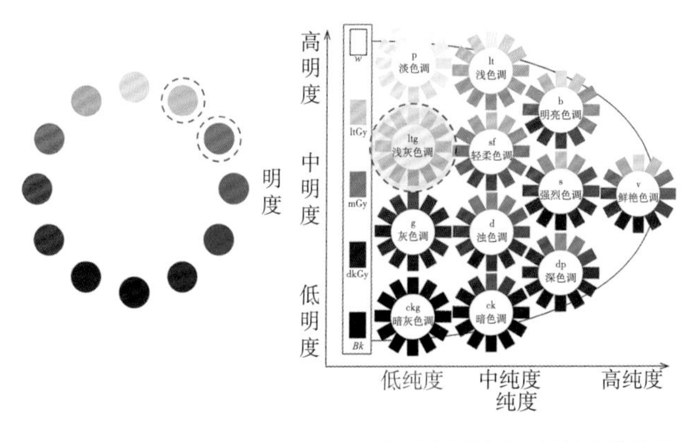

图3-19 邻近色低纯度+低纯度的搭配

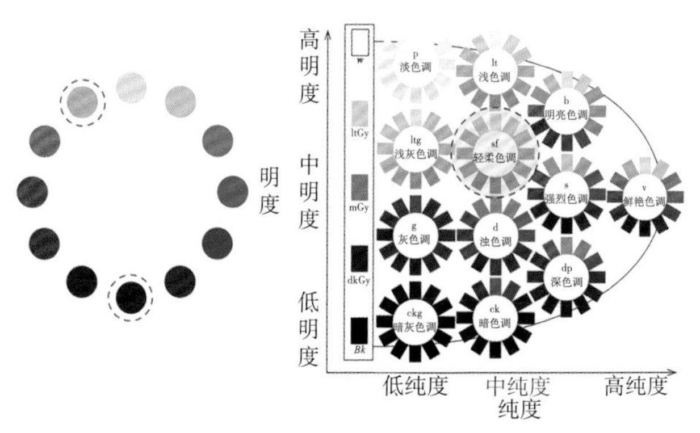

图3-20 对比色中纯度+中纯度的搭配

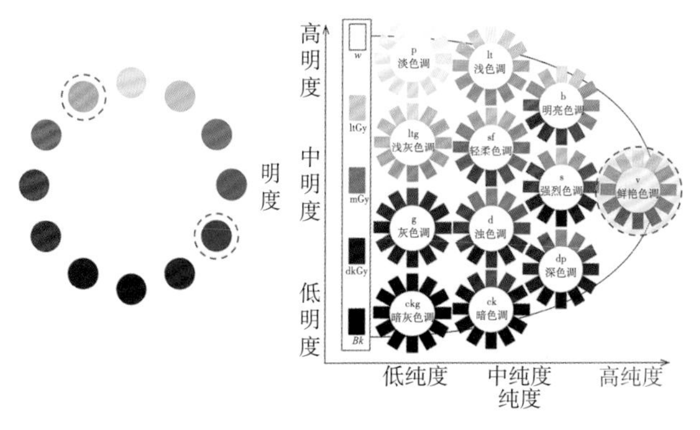

图3-21 对比色高纯度+高纯度的搭配

2. 略微不同纯度配色

无论色相环中色相差是多少，中纯度+低纯度的搭配都会显露色彩的层次感和细腻感。

而当色相相距较大时，高纯度与中纯度的搭配一方面有着强烈的对比感，另一方面因为削弱了对方的纯度而使对比中又带有调和（图 3-22、图 3-23）。

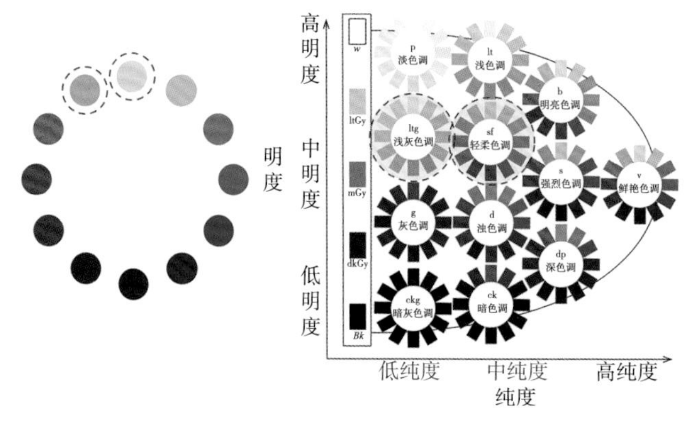

图 3-22　邻近色中纯度+低纯度的搭配

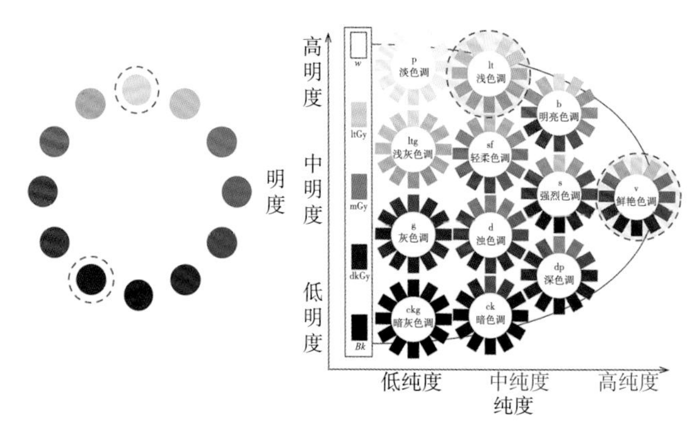

图 3-23　对比色高纯度+中纯度的搭配

3. 对比纯度配色

由于高纯度与低纯度处于纯度的两极，因此无论任何色相、明度的高纯度+低纯度配色都是对比强烈的纯度配色（图 3-24）。

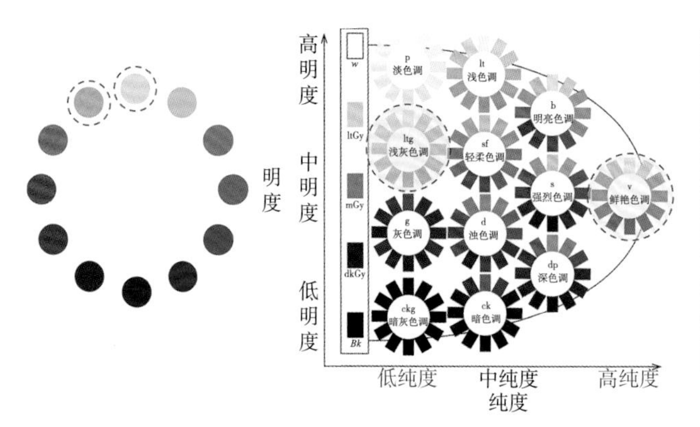

图 3-24　邻近色高纯度+低纯度的搭配

四、基于色调的配色

基于色调的搭配分为同一色调配色、类似色调配色、对比色调配色三种。

1. 同一色调配色

同一色调配色中色相自由组合，只要色调一致，都可以产生丰富而协调的配色效果，也可以通过色调图直接获得目标配色（图 3-25）。

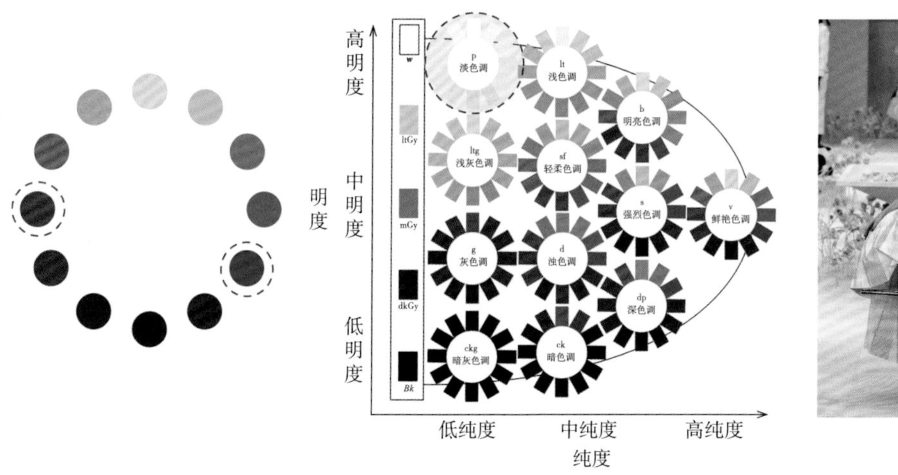

图 3-25　同一色调色彩搭配

2. 类似色调配色

类似色调配色是一个主色调与其相邻的一个或多个色调进行搭配，由于色调之间相差不大，会形成色彩关系微妙的弱对比，层次丰富细腻，是较为调和的色调配色方式（图 3-26）。

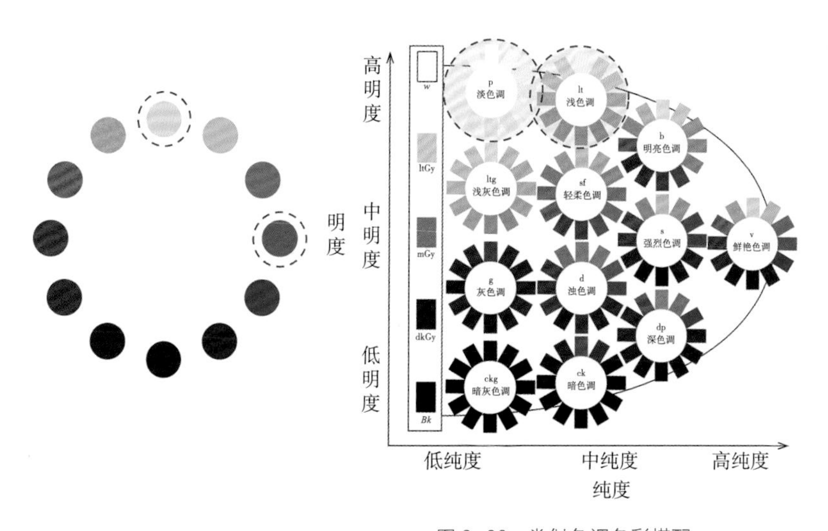

图 3-26　类似色调色彩搭配

3. 对比色调配色

对比色调配色是两个或多个相隔较远的色调进行搭配，由于色彩间纯度、明度差异较大，而形成极端的对比，视觉效果强烈（图 3-27）。

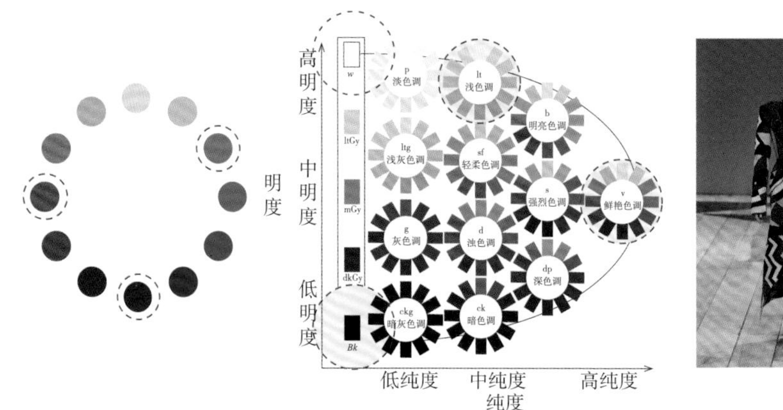

图 3-27　对比色调色彩搭配

五、基于渐变的配色

色彩渐变是指一种颜色按比例有规律地逐渐过渡到另一种颜色的过程。渐变色配色分为色相渐变、明度渐变、纯度渐变三种，渐变的方向有从上至下、从左至右、从里至外等。

1. 色相渐变的配色

色相的渐变包括类似色渐变、对比色渐变（图 3-28）、全色相渐变（图 3-29）。其中，全色相渐变色彩跨度大，是一种色彩丰富、对比强烈，又极富秩序感的渐变方式。

图 3-28　对比色渐变

图 3-29　全色相渐变

2. 明度渐变的配色

明度的渐变包括无彩色明度渐变（图 3–30）和有彩色明度渐变（图 3–31），是从高明度到低明度过渡，色彩效果柔和、富有层次，有色彩上的秩序感，是协调的配色方法。

3. 纯度渐变的配色

纯度的渐变是有彩色从鲜到灰的渐变过程，同样因为层次感和秩序性显得和谐统一，是协调的配色方法（图 3–32）。

图 3–30　无彩色明度渐变

图 3–31　有彩色明度渐变

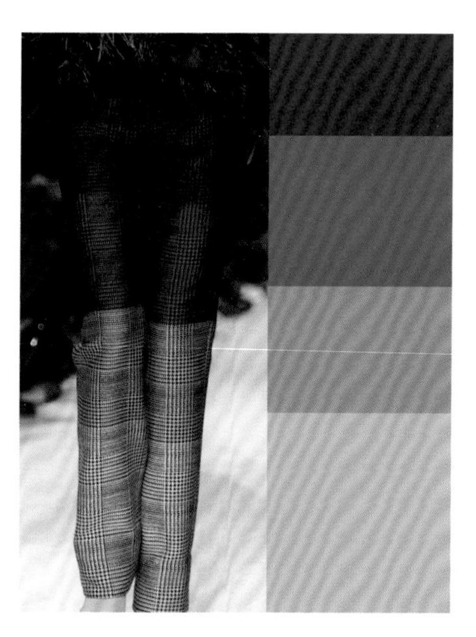

图 3–32　纯度渐变

图 3-33~图 3-38 展示了多种配色案例。

案例 1：

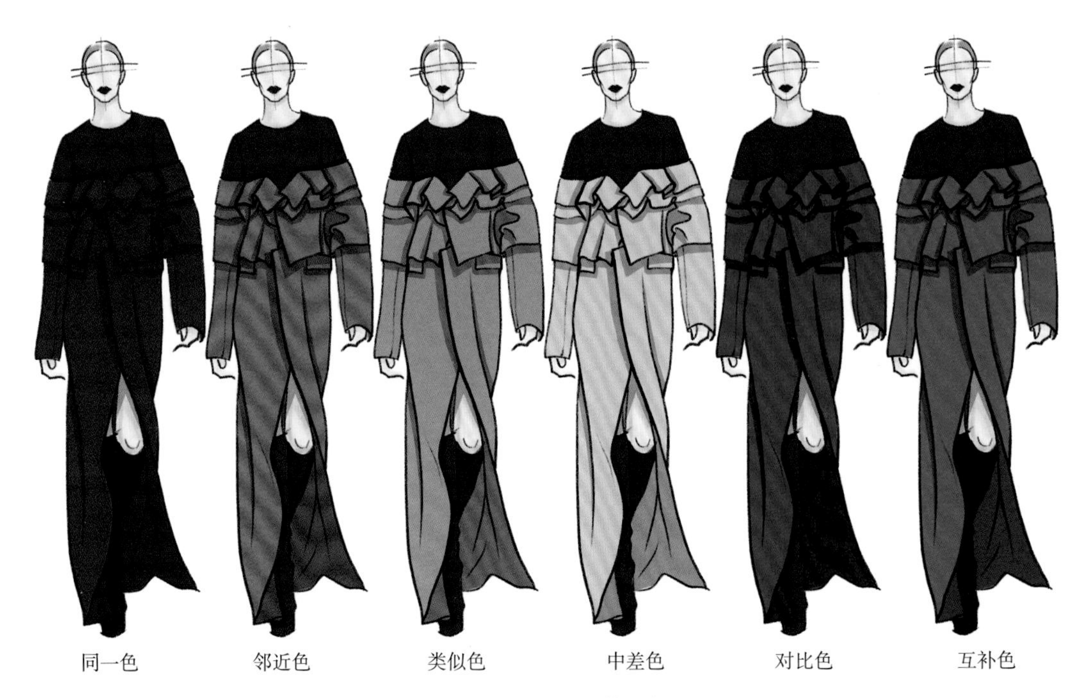

图 3-33　基于色相的配色

案例 2：

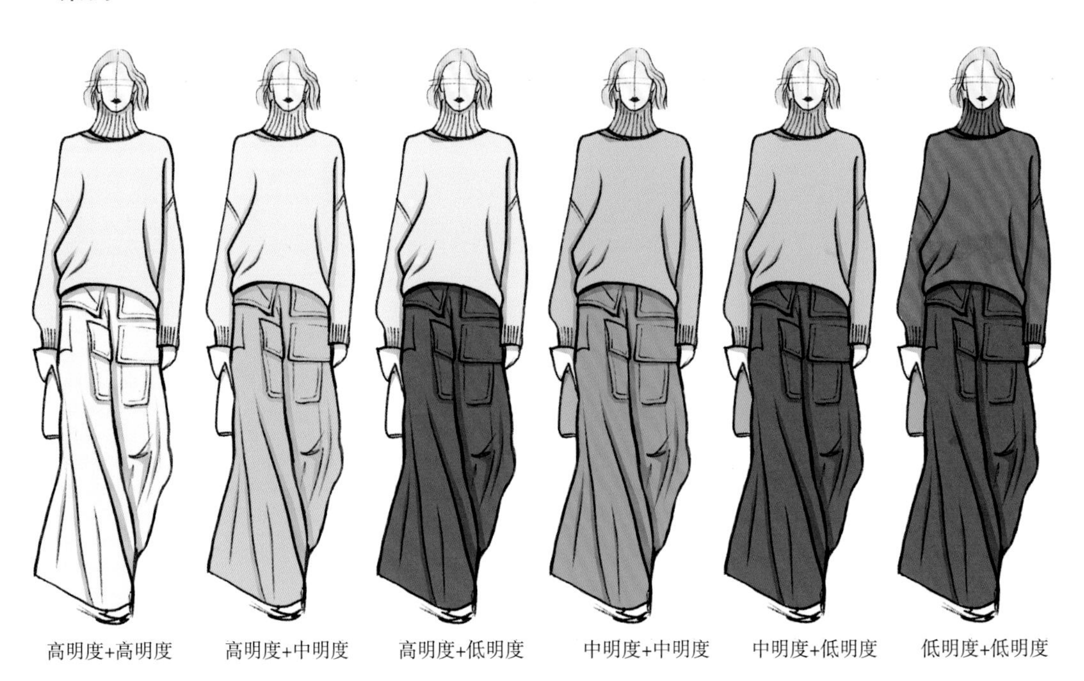

图 3-34　基于明度的配色

案例 3:

图 3-35　基于纯度的配色

案例 4:

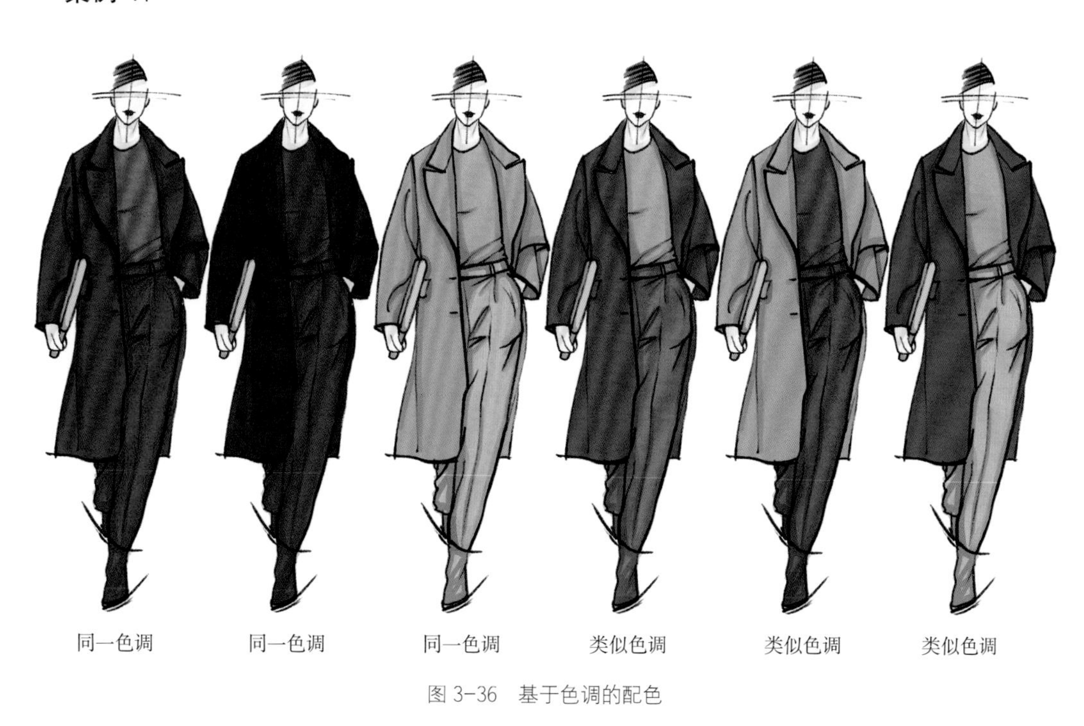

图 3-36　基于色调的配色

案例5：

图3-37　同形异色配色方案（作者：周静怡）

图3-38　同形异色配色方案（作者：盖奕菲）

第四章

PART 4 图案的概述

课题名称： 图案的概述

课题内容： 图案与服饰图案的概念
图案的分类
图案的构成要素
图案的构成形式

课题时间： 12 课时

教学目的： 通过学习，明确图案与服饰图案的概念及分类；理解并掌握点、线、面的图案构成要素；掌握自由式、适合式和角隅式单独纹样的特点和设计方法；掌握二方连续、四方连续的特点和设计方法；掌握群合式纹样的特点和设计方法。

教学重点： 了解图案设计的基本知识，通过课程实践图案设计的方法，为服装的图案设计打好基础。

作业要求： 1. 以花卉或动物为主题的自由纹样，设计对称式、均衡式纹样各一幅，黑白，尺寸自定，规格 A4。
2. 以花卉或动物为主题的连续纹样，设计二方连续、四方连续各两幅，彩色，尺寸自定，规格 A4。
3. 群合式纹样设计一幅，题材不限，尺寸自定，彩色，规格 A4。

第一节 图案与服饰图案的概念

一、图案的概念

在人们的日常生活中，精心设计的图案随处可见，如一方印花瓷砖、一个产品包装、一件刺绣服装、一幅装饰画等，无不传递着图案的故事和情绪。

图案一词原是日本对英文“Design”的意译，20 世纪初由日本传入中国。

根据《辞海》的释义，图案分为广义和狭义两个层面。广义的层面是指“对某种器物的造型结构、色彩、纹饰进行工艺处理而事先设计的施工方案所制成之图样的通称”，其概念不仅包括图样设计，更有计划、布局和构思的含义。狭义的层面是指“器物上的装饰纹样和色彩”，这个层面更偏重图样的构成，以及造型与色彩之间的关系。

二、服饰图案的概念

服饰图案是应用于服饰上装饰纹样的总称，是指具有一定的结构形式，经过艺术的加工处理，并按一定方式排列呈现在服装饰品、纺织品中的图案样式。

图案包含服饰图案，当图案呈现在服饰上时，多样的文化、题材、风格丰富了服饰图案的表现，不同的工艺、材料又使服饰图案表现出强烈的独特性。服饰图案依附于服饰并为之服务，只有图案与廓型、结构、色彩、工艺等服饰要素有机融合，才能使服饰效果和谐统一。

服饰图案是表现时尚与潮流的重要手段，其设计不但能丰富设计语言、表达设计观点，更能彰显设计师个性。另外，丰富多样的服饰图案能满足消费者的审美需求、体现消费者的个人魅力、表达消费者的某种情感的归属与认同。从商业的角度来看，好的服饰图案能成为品牌的标志，增加品牌的传播力度和产品的附加值。

对于当今的服装设计师来说，不仅有着丰富的图案纹样和应用实例可以参考借鉴，也有现代的技术、媒介、材料，以及多样的图案创意表达方式，服饰的图案和色彩设计已经成为服饰创新设计的重要手段之一（图 4-1）。

图 4-1　秀场服饰图案

第二节　图案的分类

一、按形式构造分

1. 空间形式方面

在空间形式方面，图案可以分为平面图案和立体图案。平面图案指在二维空间创作的图案纹样，如在纸面、布面、墙面或设计软件中创作的图案；立体图案则是三维空间的图案造型，如在三维空间塑造的立体实物（图 4-2）。

图 4-2　平面图案和立体图案

2. 造型风格方面

在造型风格方面，图案可以分为抽象和具象两种。抽象图案又分为几何形的抽象和写意形的半抽象，几何形的抽象直接采用了方形、三角形、圆形等几何图形形成的图案纹样，如方胜纹、工字纹等都是典型的几何抽象图案；写意形的半抽象则是将几何形与自然形结合，青铜器上的纹饰大多是将生动的动植物抽象几何化。具象图案是指完整、客观、详细表现的图案造型，如白描写生的实物图案（图 4–3）。

图 4–3　几何抽象、写意半抽象、具象的图案

3. 造型结构方面

在造型结构方面，图案可分为单独纹样、适合纹样、角隅纹样、连续纹样等，是纹样元素在有无边框或其他限制的前提下，进行均衡、对称、旋转、发射、连续等的构图方式，最终形成富有装饰意味的图样造型（图 4–4）。

图 4–4　单独纹样、适合纹样、角隅纹样、连续纹样

二、按历史社会分

1. 时代特色方面

时代特色方面，图案可分为史前图案、传统图案和现代图案。史前文化是指文字产生前的人类文化，史前图案主要表现在史前文物上，人类文明早期的图案充满了朴拙的生命力，是传统图案审美和造型的起源之一；传统图案是不同朝代沿传下来的，反映了当时社会的政治、经济、道德、伦理，是具有独特艺术风格的图案；现代图案具有现代工业特性，具体表现为几何化、简洁化、统一化，具有较强的世界共时性、精密性和创意性（图 4–5）。

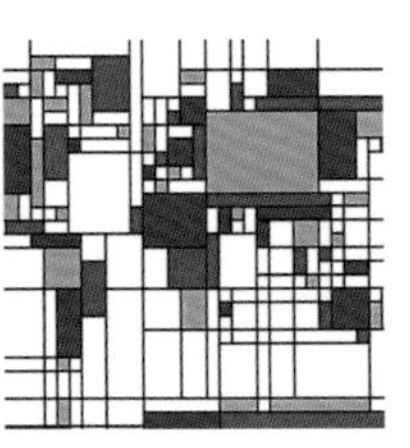

图 4–5　史前图案、传统图案、现代图案

2. 社会关系方面

社会关系方面，图案可分为宫廷工艺美术图案和民间工艺美术图案。宫廷工艺美术图案精巧规整、富丽堂皇，必须遵循严格的等级制度，如龙纹是中国古代皇帝朝服的专用图案，形象庄严肃穆；而民间工艺美术图案更加自由浪漫、生动质朴，如苗族图案“蜈蚣龙”是蜈蚣和龙的结合，形象拙朴可爱（图 4–6）。

图 4–6　宫廷工艺美术图案、民间工艺美术图案

三、按题材工艺分

1. 装饰题材方面

装饰题材方面，图案可分为植物图案、动物图案、人物图案、建筑图案、风景图案等。不同主题的图案或单独或组合呈现，贯穿了人们衣食住行各个领域，反映了时代精神（图 4–7）。

图 4–7　植物图案、动物图案、人物图案、建筑图案

2. 工艺材料方面

工艺材料方面，图案可分为木雕图案、陶瓷图案、染织图案、建筑图案、石刻图案等。物质是图案的媒介和载体，图案在不同的材料上使用不同的工艺技术，呈现出在空间、风格、结构、时代、题材上的丰富表达（图 4–8）。

图 4–8　木雕图案、陶瓷图案、染织图案、建筑图案

第三节 图案的构成要素

点、线、面是几何学中的基本概念，也是平面空间、创意图形的构成基本要素。点、线、面从实物中抽象出来，又能按照一定的秩序和形式美法则重新分解、组合，被赋予了不同形状、大小、位置、方向、色彩、肌理等因素，再度创造出错综复杂的图案世界。

一、点

点，在《辞海》中的释义为“细小的痕迹”。点，无处不在，自然界中的任何形态缩小到一定程度，都会成为不同形态的点。

点的特性是单位面积越小，点的特征越强；对比物相差比例越大，点的特征越强。点的体量、位置、疏密、明暗、排列不同，所带来的视觉感受也不同。

1. 点的体量

小的点具有收缩感、琐碎感和向心性；大的点具有膨胀感、稳定感和扩张性（图 4-9）。

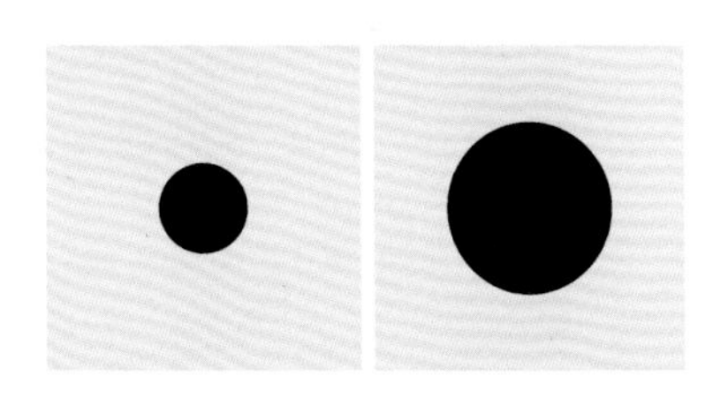

图 4-9 点的体量

2. 点的动势

点的位置表现了其在空间或平面上的动态趋势。居中的点有平静、集中之感；处于高位的点有下降的动势，处于低位的点有上升的动势；聚合的点有离心的动势，分散的点有向心的动势等（图 4-10）。

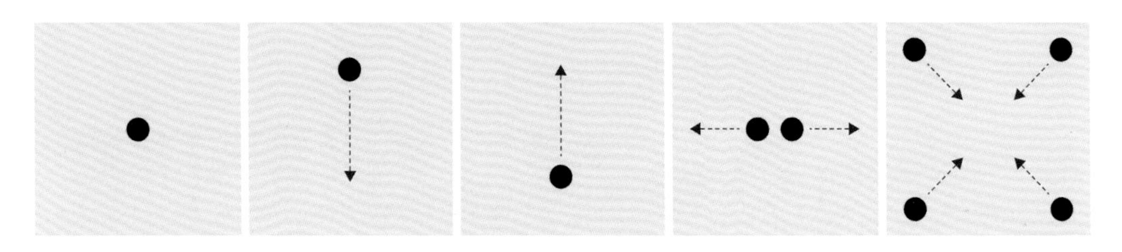

图 4-10 点的动势

3. 点的疏密

密集的、规律的点能形成视觉的焦点和画面的中心；疏松、无规律的点给人以丰富的、平面的、涣散的、无主题的视觉效果（图 4–11）。

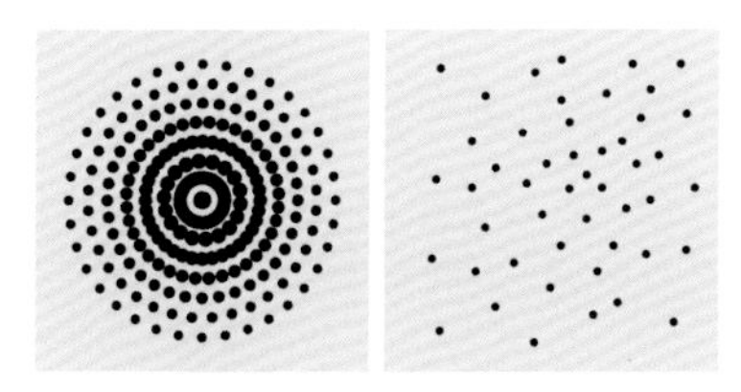

图 4–11　点的疏密

4. 点在服装图案中的体现

在服装图案创作中，点与点的组合可以形成多种关系，有的密集压抑、有的规律秩序、有的活泼动感、有的画龙点睛。点还可以应用在服饰搭配上，如纽扣、领花、胸针等，这不仅是点在服装中另一种形式的表达，还能起到醒目和强调的作用（图 4–12）。

图 4–12　点在服装中的应用体现

二、线

线是由无数的点连接而成的，线是点的运动轨迹（图 4–13）。在几何学中，线具有位置和长度，具有很强的方向感和表现力，线可分为直线和曲线。

从线性上看，有整齐规律的几何线，也有徒手绘制的自由线。

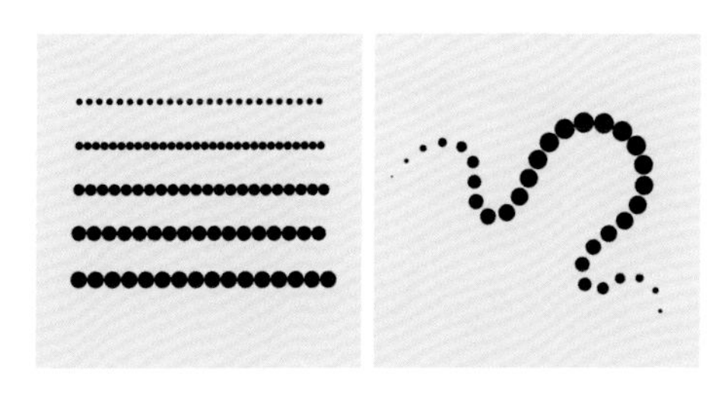

图 4–13　点的运动轨迹形成线

1. 直线

直线包括水平线、垂直线、斜线、折线、锯齿线、虚线、交叉线等（图 4–14）。水平线具有平静感和稳定感，垂直线具有力量感和拉伸感，折线具有运动感和空间感，斜线具有运动感和速率感。直线的粗细也会影响视觉效果，粗直线给人以厚重、沉稳之感，细直线给人以尖锐、脆弱之感。

图 4–14　直线

2. 曲线

曲线包括弧线、波浪线、抛物线、自由曲线等（图 4–15），曲线具有流动性和律动感。曲线富有女性特征，有柔软、优雅之感，几何曲线规律感十足，自由曲线则更随意、洒脱。

图 4–15　曲线

3. 线在服装图案中的体现

在形态学中，线具有宽度、形状、色彩、肌理等造型元素，线条的粗细及形状影响着图案虚实的效果。线的特征与服装的廓型特征相结合，会获得更加和谐统一的效果，如直线型的服装多采用直线、折线等线条图案，曲线型的服装多采用弧线、波浪线等线条图案（图 4–16）。

图 4–16　线在服装中的应用体现

三、面

线的移动轨迹形成面，直线平行移动形成方形，直线旋转移动形成圆形（图 4-17）。面的类型大致可以分为几何形（无机形）、有机形、自由形和偶然形四种。

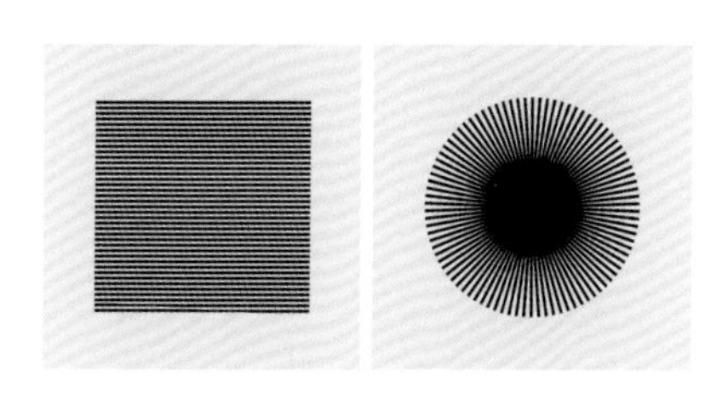

图 4-17　线的移动轨迹形成面

1. 几何形（无机形）

几何形又称为无机形，可以通过一定的数学公式进行描述，包括直面和曲面，是由直线或弧线结合构成的，如长方形、三角形、圆形、半圆形等（图 4-18）。几何形整体规则、平稳，直线的几何形给人以安定、秩序的感觉；曲线的几何形给人以圆通、柔和的感觉。

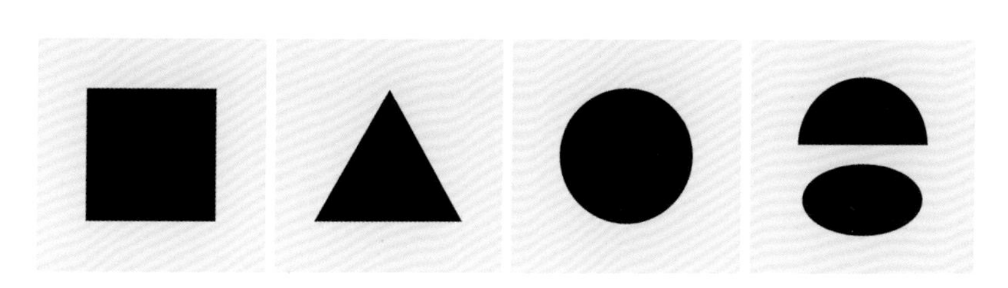

图 4-18　几何形

2. 有机形

有机形是一种不可用数理方式构成的有机形态，其具有秩序感、规律性的特征，通常指动植物等自然物的外形（图 4-19），给人以自然柔和、充满活力之感。

图 4-19　有机形

3. 自由形

自由形是不具有几何秩序的形状，它生动活泼，是人为的、自由随意的形态，具有独特的个人风格（图 4-20）。

图 4-20　自由形

4. 偶然形

偶然形不受主观控制，是用特殊技法偶然形成的形态，如水墨效果、扎染效果形成的面（图 4-21）。偶然形自然生动、浑然天成、不可复制，给人以随意感和人情味。

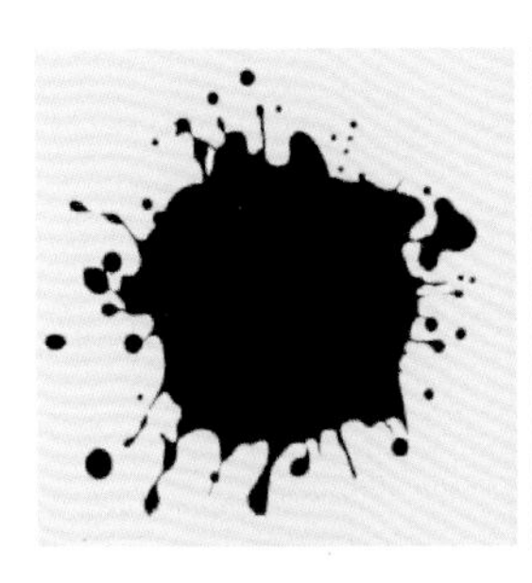
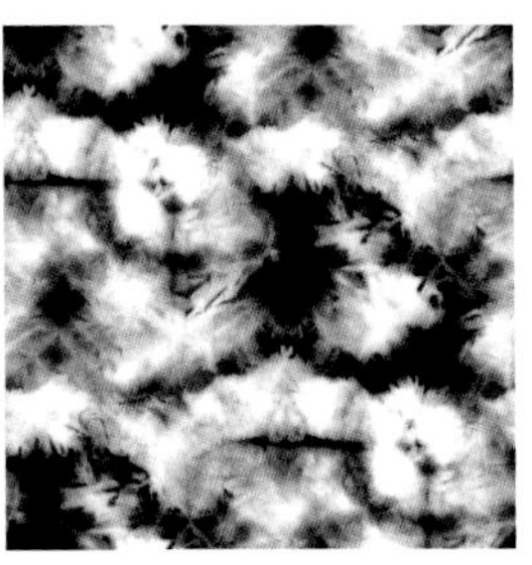

图 4-21　偶然形

5. 面在服装图案中的体现

点和线的汇集形成面。面的表现极为丰富、多元，是二维空间中最复杂的构成元素，其形状、虚实、大小、位置、色彩、肌理等因素的组合会营造出不同风格的图案，如几何风格图案的服装充满数理秩序，扎染风格图案的服装随意天然，自然风格图案的服装生动个性（图 4-22）。

图 4-22　面在服装中的应用体现

第四节　图案的构成形式

图案按构成形式分类，可分为单独式纹样、连续式纹样和群合式纹样三种。

一、单独式纹样

单独式纹样有自由纹样、适合纹样和角隅纹样三种式样。单独式纹样具有相对的独立性和完整性，可以单独用于服饰装饰，在服饰中起到引导或画龙点睛的作用。

1. 自由纹样

自由纹样是不受任何限制的自由空间纹样，它可以作为独立的纹样单独使用，也可以作为适合纹样和连续纹样的单位纹样，有对称式和均衡式两种。

（1）对称式

对称式分为上下对称、左右对称、相对对称、相背对称、旋转对称、重叠对称等，是以一条线或一个点为中心，以同一元素进行的对称排列（图4-23）。对称式图案工整、饱满，具有稳重大方的特点（图4-24）。

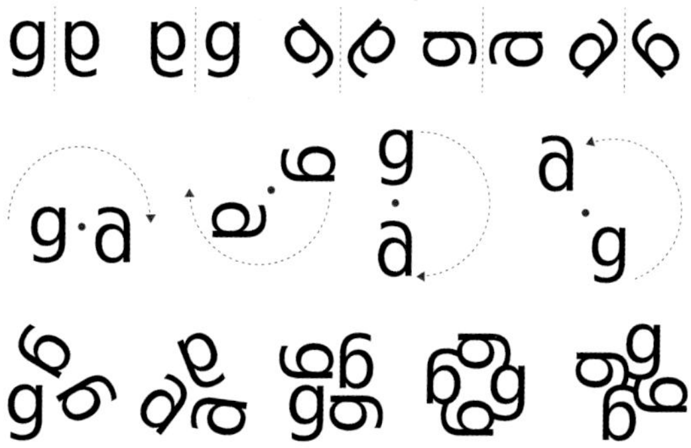

图4-23　对称式纹样结构

图4-24　对称式图案

（2）均衡式

均衡式是形的平衡转化为力的平衡，属于视觉上的平衡。均衡式有相对式、相背式、S型式、旋涡式、交叉式等，是以假想的重心为支点，保持视觉平衡的构图方式（图 4–25）。均衡式构图主题突出，具有自由丰富、优美舒展、灵动活泼的特点（图 4–26）。

图 4–25　均衡式纹样结构

图 4–26　均衡式图案（作者：张翰文）

2. 适合纹样

适合纹样是指具有一定外形限制的组织纹样。它要求纹样经过加工变化，在特定的形状框架内经营布置，其整体穿插自然，并呈现出强烈的装饰美感。

适合纹样按外形轮廓可分为几何外形、自然外形和人造外形。按构图形式可分为向心式、离心式、旋转式、直立式、均衡式、发射式等。

（1）按外形轮廓分

几何外形有圆形、方形、半圆形、三角形、椭圆形等（图 4–27），自然外形有花朵形、桃形等（图 4–28），人造外形有器具形、家具形、建筑形等（图 4–29）。

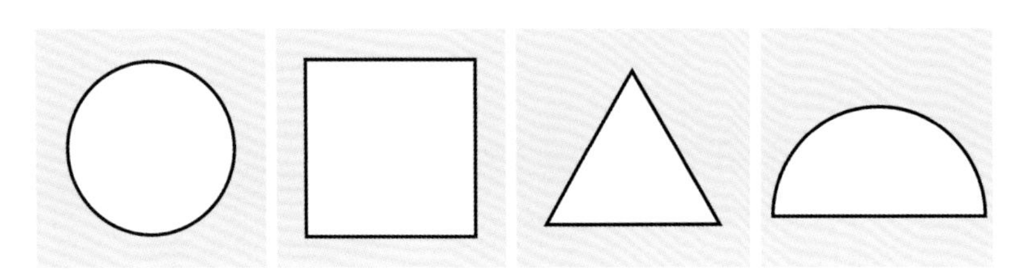

图 4–27　适合纹样几何外形框架

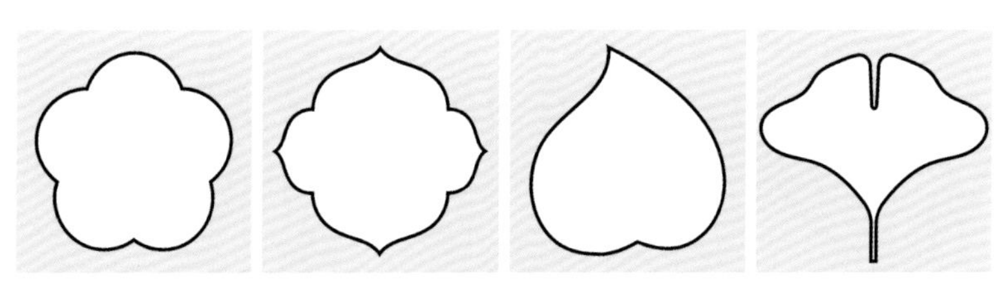

图 4-28　适合纹样自然外形框架

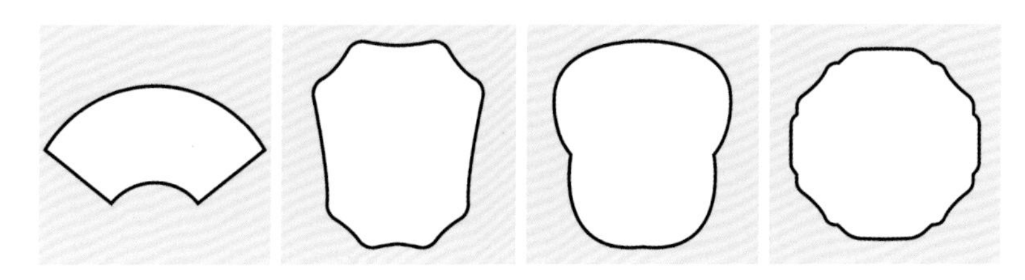

图 4-29　适合纹样人造外形框架

（2）按构图形式分

适合纹样按纹样的骨骼可分为一字格、米字格、回字格、人字格、井字格、水字格等（图 4-30）。按组织形式分为左右、上下对称式，向心、离心放射式，内旋、外旋、内外结合旋转式，均衡式等（图 4-31~图 4-33）。

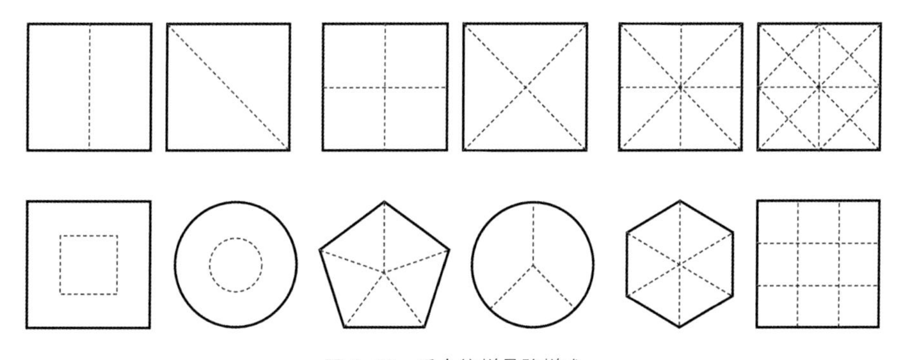

图 4-30　适合纹样骨骼样式

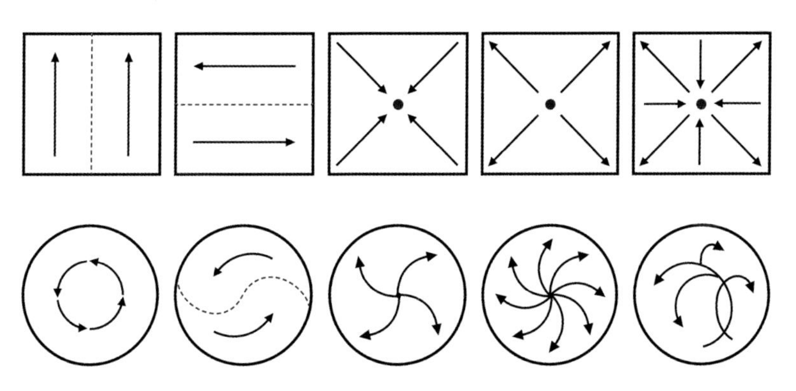

图 4-31　适合纹样组织形式

图 4-32　适合纹样 1

图 4-33　适合纹样 2（作者：张瀚文、肖彦、黄嘉辉）

3. 角隅纹样

角隅纹样又称“角花”，是用于装饰形体边缘的角部纹样，如装饰服装的领尖、下摆、边缘、方巾的四角等处。

角隅纹样按角度大小分为锐角式、钝角式、直角式等（图 4-34）。角隅纹样的构图有对称式和均衡式两种。

图 4-34　角隅纹样 （作者：高燕、张翰文）

二、连续式纹样

连续式纹样是以一个或几个单独纹样为单位，按照一定的骨架形式规律地连续排列形成的纹样，可分为二方连续和四方连续。

1. 二方连续

二方连续是以一个或几个基本纹样上、下或左、右两个方向的连续排列组成的图案纹样，其骨架形式分为直立式、倾斜式、连折式、波浪式、散点式、综合式等（图 4–35、图 4–36）。二方连续纹样充满节奏和韵律感，在设计时要注意纹样单元之间的疏密、穿插、重复、起伏等，二方连续纹样广泛应用于服饰边缘、装饰间隔等。

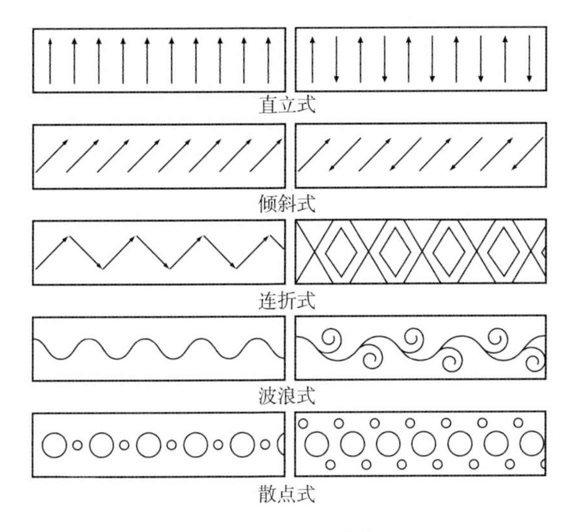

图 4–35　二方连续结构

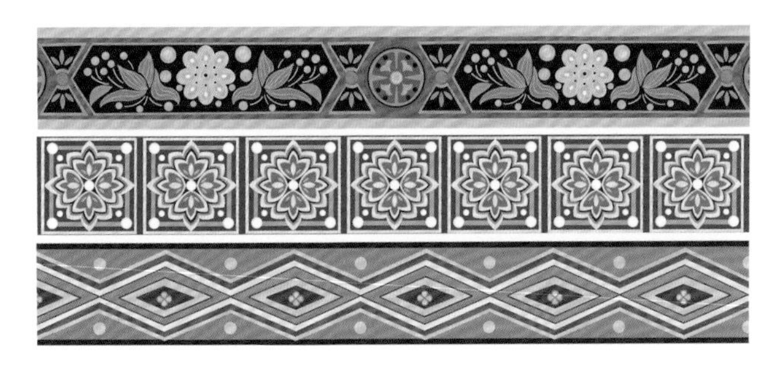

图 4–36　二方连续图案（作者：张瀚文）

2. 四方连续

四方连续是以一个或几个纹样单位，向上、下、左、右四个方向连续无限扩展排列形成的纹样，形式有散点式、连缀式和重叠式等。四方连续设计时要注意整体疏密得当、和谐统一，以及单位纹样排列后形成的整体形态，避免出现空格和花路（图 4–37~

图 4-39)。四方连续是纺织品和壁纸常用的装饰图案 (图 4-40)。

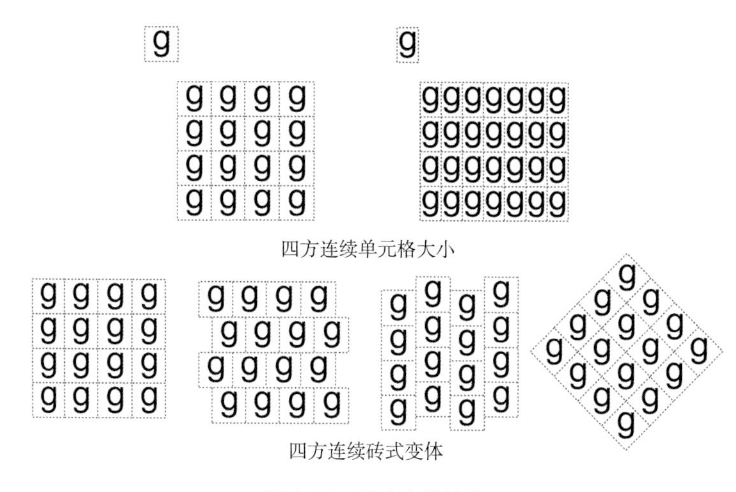

图 4-37　四方连续结构

图 4-38　四方连续图案 1(作者：高燕)

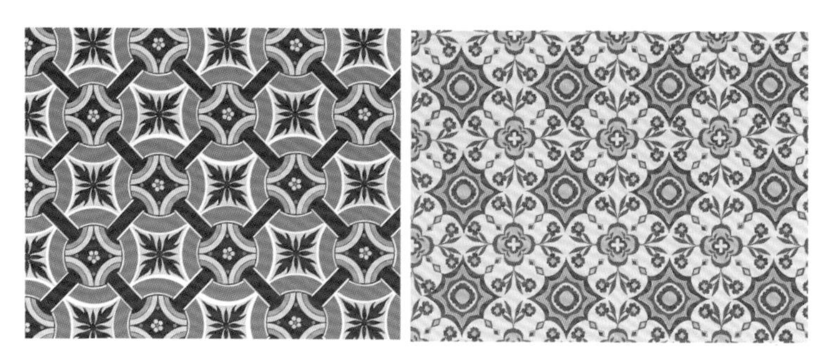

图 4-39　四方连续图案 2(作者：张运艺)

图 4-40　四方连续图案在服装中的应用

三、群合式纹样

群合式纹样是将不同的纹样形式综合、巧妙地融合在一起，形成丰富多元的纹样形式。群合式纹样分为带状群合和面状群合两种，带状群合是指图案向上、下或左、右两个方向呈带状延展，面状群合指图案向上、下、左、右四个方向呈面状延展（图 4-41）。群合式纹样在服装图案中应用广泛（图 4-42）。

图 4-41　群合式纹样（作者：张瀚文）

图 4-42　群合式纹样在服装中的应用

第五章

PART 5 图案的心理与联想

课题名称： 图案的心理与联想

课题内容： 图案元素的心理与联想

图案组合的心理与联想

图案的视觉效应

课题时间： 4 课时

教学目的： 通过学习，了解国内外主流图案元素的心理与联想；了解不同风格图案组合的心理与联想；重点掌握图案的心像、轻重、静动、虚实和错视等视觉效应。

教学重点： 掌握典型服装图案的装饰特征和文化象征。

作业要求： 小组作业，收集和整理某一主题、风格的图案，并对该图案进行历史沿革、流变创新的图文介绍，制作 PPT 进行讲解。

第一节 图案元素的心理与联想

在人类文明历史的长河中，不同时期、不同地域、不同文化产生了不同特征的图案风格范式，这些风格范式不仅成为当时的流行，经过岁月的洗涤，大浪淘沙般保留了下来，并在新时期日新月异继续发展，登上时尚生活舞台，也成为现在的流行元素，丰富了当下服饰文化的内涵和表达。

中国历史文化悠久灿烂，传统纹样浩如烟海，不同历史时期的图案纹样在政治、经济、文化等因素的影响下形成不同的风格，它们优美大气、意必吉祥，充满东方的哲学意蕴。曾几何时，人们受国际时尚潮流的影响，传统文化没有得到重视，随着近些年我国传统文化的回归和复兴，中式传统纹样又重新回到时尚舞台。

国外主流图案元素选择了在国际上流行的、与服装关联紧密的经典纹样，中国传统图案元素则选择了当今汉服和国潮服装中最常用的经典图案元素。这些图案都有着悠久的历史，在时代的更迭中不断发展变化，拥有不同的文化背景和心理诠释。

一、国外主流图案元素

1. 佩斯利花纹

佩斯利花纹又称腰果纹、火腿纹等，其花纹类似大逗号，头圆尾尖，结合了花草等装饰图案，给人以细腻、繁华的感觉。佩斯利花纹起源于古巴比伦，兴盛于波斯和印度，图案传说来自菩提树叶或海枣树叶，有吉祥美好、连绵不断的寓意，是风靡世界的传统图案纹样（图 5-1）。

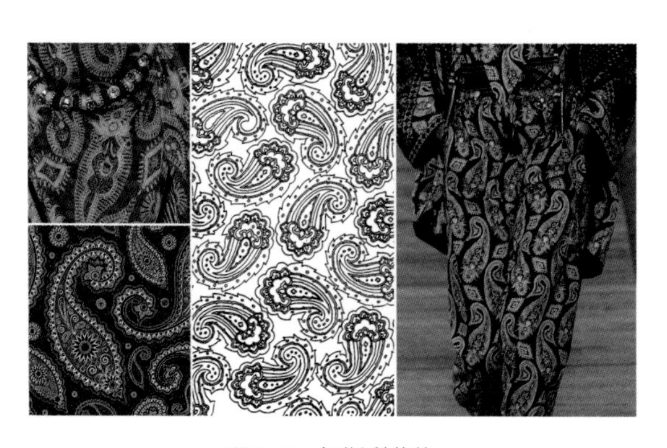

图 5-1　佩斯利花纹

2. 茛苕纹

茛苕纹形象源自茛苕叶，其形象优雅高贵，象征旺盛的生命力，是生命和永恒的代表。它最早应用于古希腊神殿的柱头，象征神殿万世永存，后成为古希腊、古罗马的典型装饰题材，历经拜占庭、哥特、文艺复兴、巴洛克、洛可可、新古典主义等历史时期，不断演变发展到今天（图 5-2）。

图 5-2　茛苕纹

3. 大马士革纹

大马士革纹起源于叙利亚，其形象在自然界中并不存在，是大马士革人根据当地的人文特点，在中国丝织品上印染的四方连续图案。大马士革花型古典繁杂，有菱形、椭圆形、宝塔形，又包含茛苕、石榴等元素纹样。大马士革纹样富丽堂皇，是权贵的象征（图 5-3）。

图 5-3　大马士革纹

4. 鸢尾花纹

鸢尾花纹形象源自鸢尾花，在法国是光明自由的象征，代表信念、自由和骑士精神，是法国国花。鸢尾花纹在欧洲较为流行，常被应用于壁纸、瓷器、绘画和服饰中（图 5-4）。

图 5-4　鸢尾花纹

5. 朱伊纹

朱伊纹起源于 18 世纪的法国，题材元素以人物、动植物、建筑等为主，主要描绘贵族的生活状态、田园风光、劳动场景、神话传说等。朱伊纹刻画生动细腻，多用单一线条描绘色彩，形成鲜明的纹样风格，常被应用于服装图案和家居装饰设计中（图 5-5）。

图 5-5　朱伊纹

6. 苏格兰格纹

苏格兰格纹历史悠久，有"苏格兰格子，等于一部大英帝国史"的美誉。它最初是由粗细不一的各色条纹交织形成的花格绒呢，是苏格兰的家族图腾，后成为政治权利的象征，今天它演变成一种印花纹样，成为经久不衰的经典图案（图 5-6）。

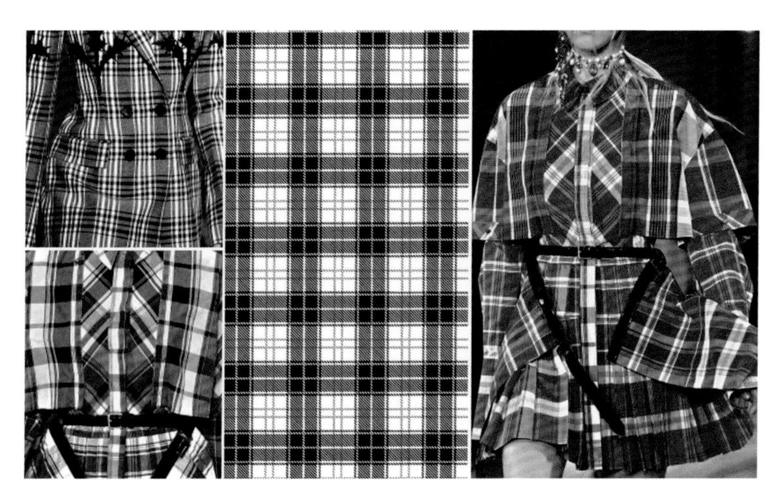

图 5-6　苏格兰格纹

7. 阿盖尔菱形格纹

阿盖尔菱形格纹是苏格兰格纹的变体，它是将苏格兰格纹倾斜形成的纹样，是对正统方格的叛逆。这种纹样最早应用到长袜上，后成为男式毛背心的经典图案元素（图 5-7）。

图 5-7　阿盖尔菱形格纹

二、中国传统图案元素

1. 卷草纹

卷草纹因在唐朝盛行，又叫“唐卷草”。它是一种波状卷曲的植物纹样，是结合了汉代的卷云纹、魏晋南北朝的忍冬纹而形成的中国本土纹样，后续发展中取牡丹、石榴、荷花等枝叶演变出更加舒展流畅、饱满华丽的风格。卷草纹大量出现在敦煌莫高窟的壁画与雕塑边饰中，现代汉服的边饰中也多用卷草纹（图 5-8）。

图 5-8　卷草纹

2. 宝相花纹

宝相花纹是唐代标志性的装饰纹样。宝相指佛的庄严形象，宝相花集众美于一体，是吸收了莲花纹、云气纹、石榴花纹等构成的团花纹样，有完美圣洁的意义。它造型多变、层次丰富、气韵生动华美，唐代纺织品中使用较多，在敦煌莫高窟的彩塑衣饰中大量出现。现代汉服中宝相花纹应用广泛（图 5-9）。

图 5-9　宝相花纹

3. 缠枝花纹

缠枝花纹是以藤蔓、卷草缠绕形成的传统吉祥图案，它与伊斯兰装饰艺术相关，象征宇宙万物的节奏感和强盛的生命力。早期纹样为缠枝忍冬纹，从唐代开始，缠枝花纹种类日渐增多；宋时，花纹风格特点从早期的有叶无花发展到重花轻叶，有缠枝莲花、缠枝牡丹等多种纹样，常以二方连续或四方连续表现在服饰中（图 5-10）。

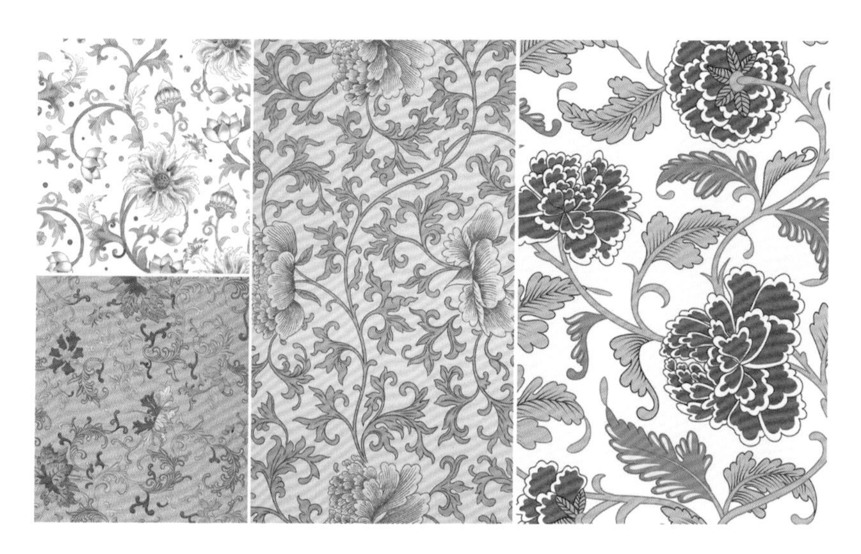

图 5-10　缠枝花纹

4. 云纹

云，有神秘缥缈之感，是中国历代装饰艺术的主题。云纹在不同的历史时期表现出不同的面貌，如汉代织物中的卷云如穗如卉，长云如带如山；明代的云纹则是四合如意的造型，象征着步步高升、吉祥如意。云纹在现代汉服和国潮服装中应用广泛（图 5-11）。

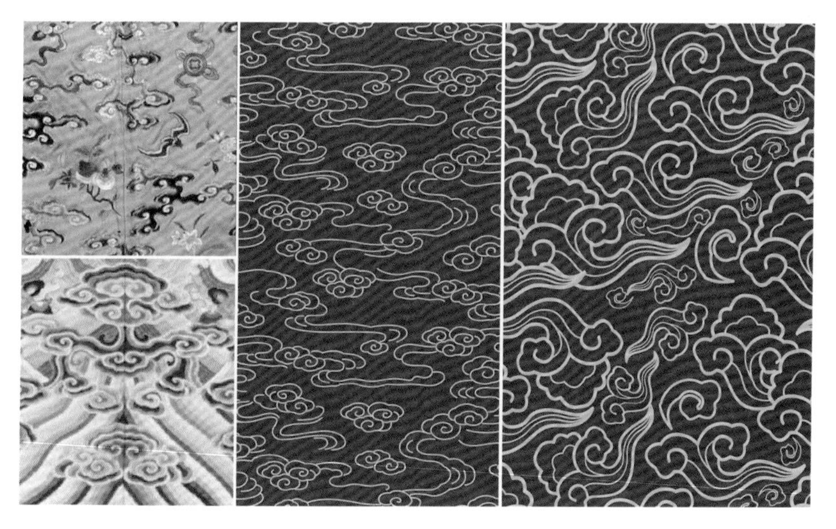

图 5-11　云纹

5. 龙凤纹

龙是中国古代神话中的动物，是中华民族的象征之一，龙纹寓意皇权和尊贵；凤是中国古代神话中的百鸟之王，是幸福祥瑞的象征。龙凤的组合，如龙飞凤舞、龙凤呈祥等都有富贵吉祥的寓意，指吉利喜庆的事，龙凤图案常用于中国传统喜服中（图 5-12）。

图 5-12　龙凤纹

6. 海水江崖纹

海水江崖纹兴盛于明清时期。海水江崖纹寓意绵延不断、万世升平、福山寿海、江山永固。其中，大海的海潮与“朝”同音，因此纹样常用于装饰龙袍或官服的下摆；江崖，又称“姜芽”，意喻山头重叠如姜芽般昌茂。图案的下端斜向排列着弯曲的水脚，水脚上有翻滚的海浪，中央立着山石，并点缀有祥云、八宝等图案纹样，海水江崖纹是国潮礼服常用的纹样（图 5-13）。

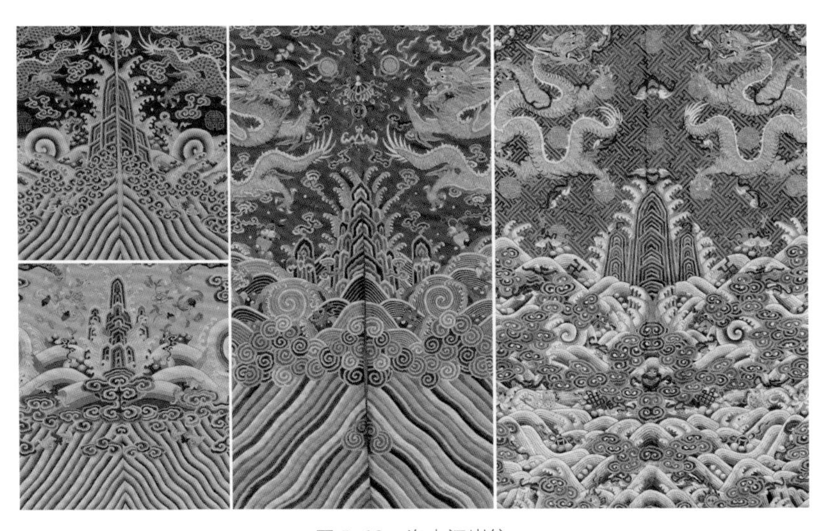

图 5-13　海水江崖纹

7. 几何纹

宋朝服饰简洁内敛，在“理学”的影响和规范下，几何纹应用增多，成为宋服图案的一大特色。常见的几何纹样有锁子纹、工字纹、万字纹、方胜纹、龟甲纹、八达晕、六达晕等，几何纹样工整、精妙、寓意吉祥，在现代汉服底纹中依然很常见（图 5-14）。

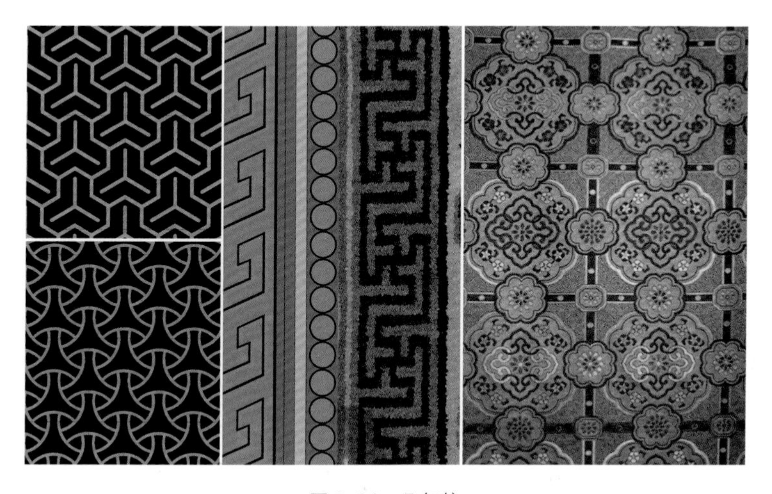

图 5-14　几何纹

第二节　图案组合的心理与联想

一、古典风格

古典风格的图案精细、繁杂，具有历史感，通常为经典的、传统的图案，如国外主流风格的大马士革纹、莨苕纹、朱伊纹等，中国传统风格的卷草纹、缠枝花纹等。色彩通常使用厚重沉稳的色调，或使用代表永恒和财富的金银色。古典风格图案是高端服饰的常用元素（图 5-15）。

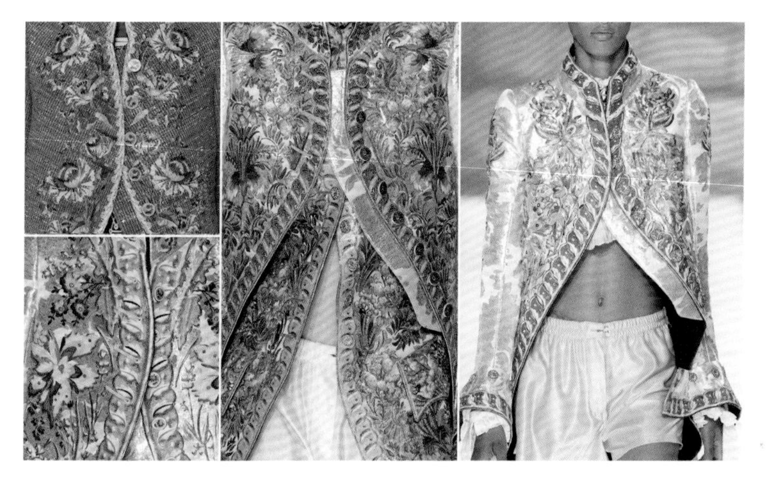

图 5-15　古典风格图案

二、前卫风格

前卫风格的图案夸张、简约、反常规，具有较强的视觉冲击力。色彩的选择偏无彩色，或明度、纯度高，对比强烈的色彩。前卫风格图案多用在年轻时髦的时装中（图 5-16）。

图 5-16　前卫风格图案

三、极简风格

极简风格的图案与极简风一样，讲究“少即是多”。图案以简洁的几何造型和直线为主，点到即止。色彩上多使用无彩色，整体效果干净、简约（图 5-17）。

图 5-17　极简风格图案

四、浪漫风格

浪漫风格的图案一般体量较小，以碎花为主，循环往复印花。通常使用低明度、低饱和度的色彩，色彩整体感觉柔和朦胧。图案整体精致优雅，清新唯美，有接近自然的田园感觉。图案多用于表现浪漫唯美、小鸟依人的女性服装（图 5–18）。

图 5–18　浪漫风格图案

五、野性风格

野性风格的图案题材元素常常选择浓艳的花朵或动物的皮毛花纹，一般体量较大，图案冲击力强。色彩上也多使用强烈色调和深色调，充满原始情调和异域风情。图案多用于表现强势的、风情的、女性气质十足的服装（图 5–19）。

图 5–19　野性风格图案

六、童稚风格

童稚风格的图案造型可爱、夸张，通常为卡通的、涂鸦的、抽象的造型元素。其色彩鲜艳、明亮，多采用高纯度、高明度的对比色。童稚图案原始、稚拙、跳跃感强，适合轻松愉悦、俏皮幽默的服装（图 5-20）。

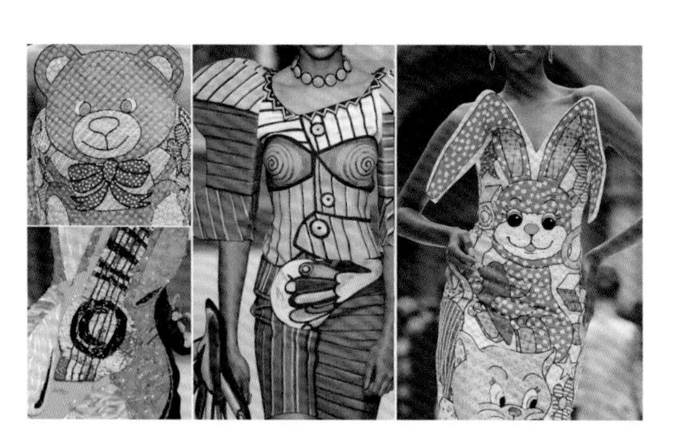

图 5-20　童稚风格图案

七、休闲风格

休闲风格的图案常用几何图形、字母元素 Logo 以及轻松简单的图案。色彩上多采用柔和色调搭配高纯度鲜艳的颜色，或与黑白等无彩色进行搭配，以营造活泼、运动的氛围（图 5-21）。

图 5-21　休闲风格图案

八、民族风格

民族风格的图案常用各国富有地域特色的图案，如风靡全球的佩斯利花纹，我国的少数民族纹样等。色彩上多采用强烈色调和对比色调，其色彩明快丰富、浓郁厚重，常用于表现多样、异域的服饰（图 5-22）。

图 5-22　民族风格图案

第三节　图案的视觉效应

一、图案的心像

色彩是无形的，总是伴随物体的形态一同被我们看到。当我们看到色彩和形状时，除了产生图像的视觉感应以外，还会对这种颜色和形状产生情感的认知，这种色彩引起观者相应的图像感觉的现象称为心像。

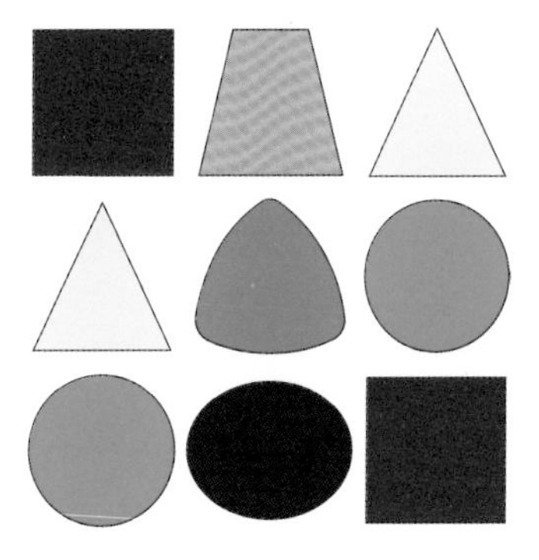

图 5-23　伊顿理论中颜色与形状的联系

色彩学家将色彩印象与抽象的几何形状特征相结合，总结了一系列形状与色彩的关联。例如，色彩学家伊顿认为，正方形的静止和庄重，与红色的重量和不透明性的印象相一致；三角形尖锐好斗，与黄色的警示印象一致；圆形的松弛平易感和运动感，与沉静的蓝色一致；不等边四边形与橙色对应，球面三角形与绿色对应，椭圆形与紫色对应（图 5-23）。

二、图案的轻重

图案轻重的视觉效应基于两个主要因素，分别是图案线条的粗细和图案体量的大小

（图 5-24）。画面中，线条越细，图案分量感越轻；线条越粗，图案分量感越重（图 5-25）。同样，图案体量越小，视觉感觉越轻；图案体量越大，视觉感觉越重（图 5-26）。

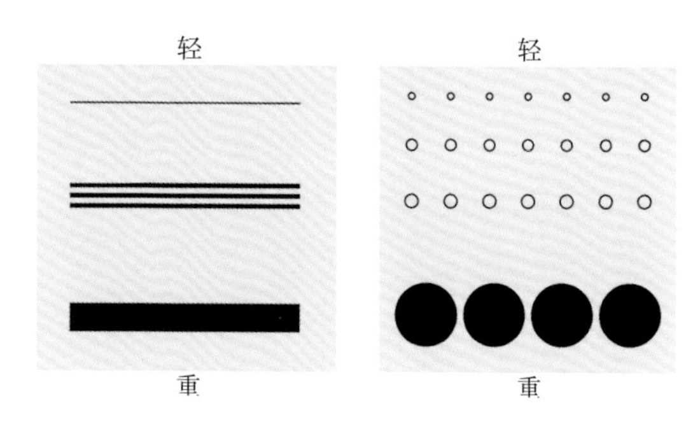

图 5-24 图案的线条和体量决定图案的轻重

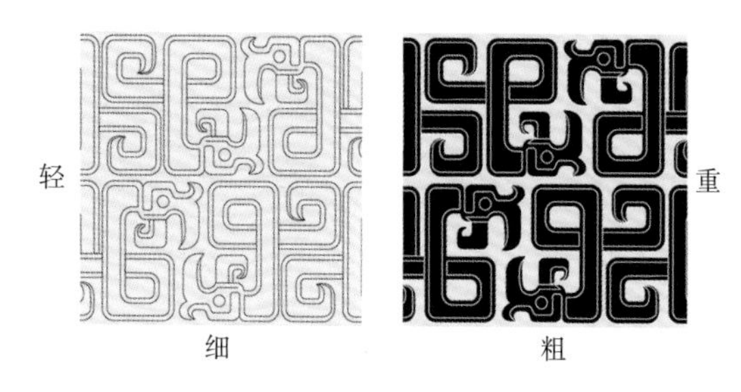

图 5-25 图案线条的粗、细决定图案的轻重

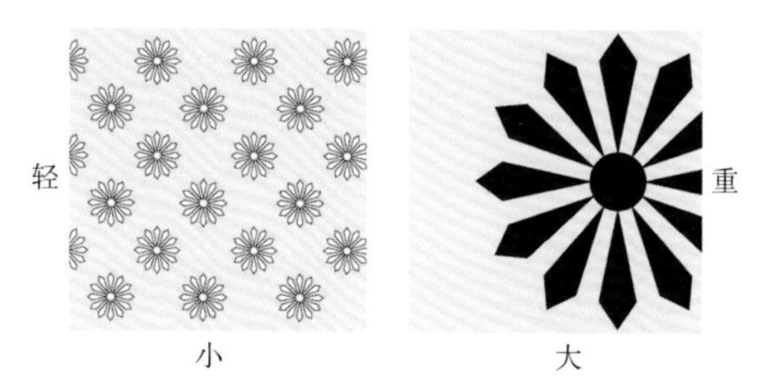

图 5-26 图案体量大、小决定图案的轻重

三、图案的静动

图案静动的视觉效应分别基于图案的简繁和图案的布局。简单的、规律的图案显得庄重安静；繁杂的图案相对活泼跳跃（图 5-27）。同样，图案的布局构成越稳定、秩序感越强，视觉效果越安静；反之，图案越纷乱、越灵动，视觉效果越活跃（图 5-28）。

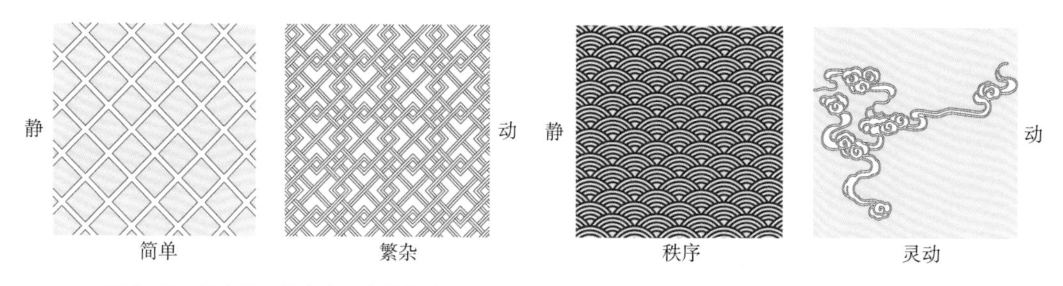

图 5-27 图案简、繁决定图案的静动

图 5-28 图案稳、乱决定图案的静动

四、图案的虚实

图案的聚集和分散也会影响视觉效果，形状越简单、越完整，图案与色彩的视觉效果越强；图案越复杂、越零散，视觉效果越弱（图 5-29）。

另外，图案的色彩对比强弱也会影响图案的虚实。色彩的色相、明度、纯度差异大，图案实在而耀眼；色彩的色相、明度、纯度差异小，图案模糊虚化（图 5-30）。

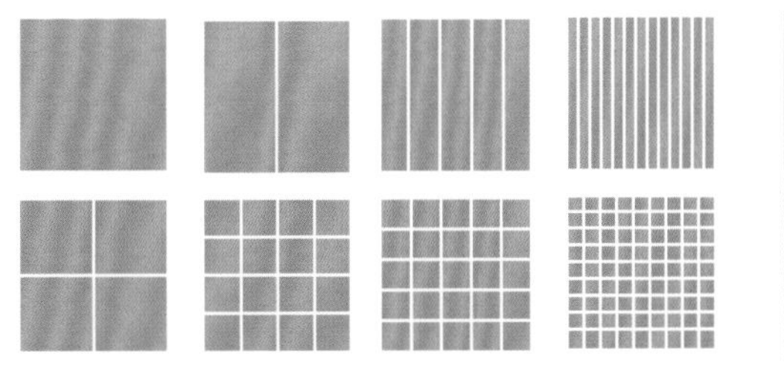

图 5-29　图案分割后呈现的强弱、虚实的视觉

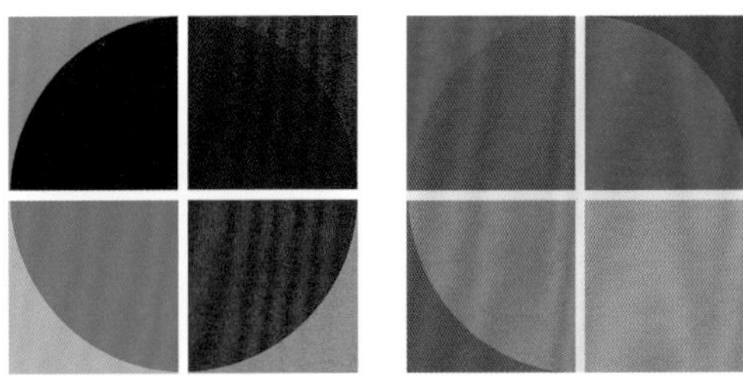

图 5-30　色彩对图案虚实的影响

五、图案的错视

人脑是视觉处理的重要器官，色彩图形通过视神经传入大脑后，大脑将以往的视觉经验取出与之对应，当所视事物具备已认知的信息特征时，人脑会自行补充未见细节并做出判断。错视，又称错觉，就是人在进行视觉感知时，由于经验主义或不当的参照对客观事物产生错误的判断和感知。

错视主要分为几何错视、色彩错视、动态错视和生理错视四种。其中，几何错视与图案设计关联较大。

几何错视，是在不同几何元素组合的图形中，因构成图形的几何元素之间彼此影响，而使观察者产生长度、面积、位移、变形等几何变量误判的现象。几何错视包括长度错视（图 5-31）、面积错视（图 5-32）和变形错视（图 5-33）等。

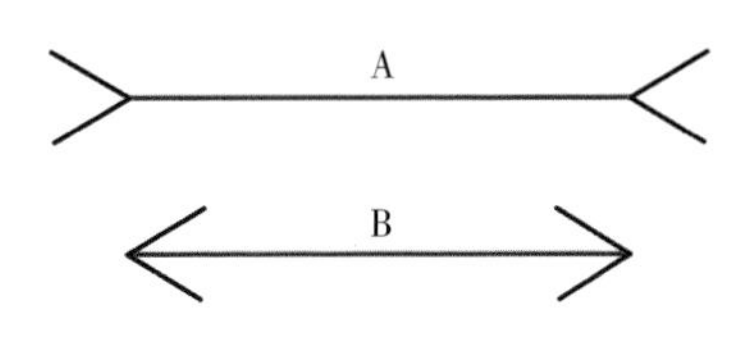

图 5-31　米勒·莱尔的长度错视

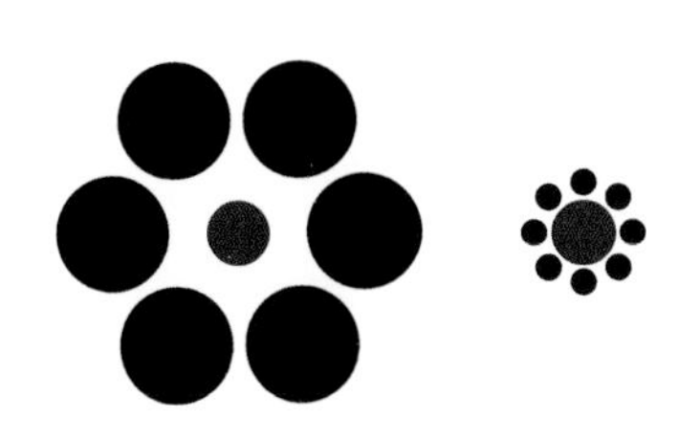

图 5-32　艾宾浩斯的面积错视

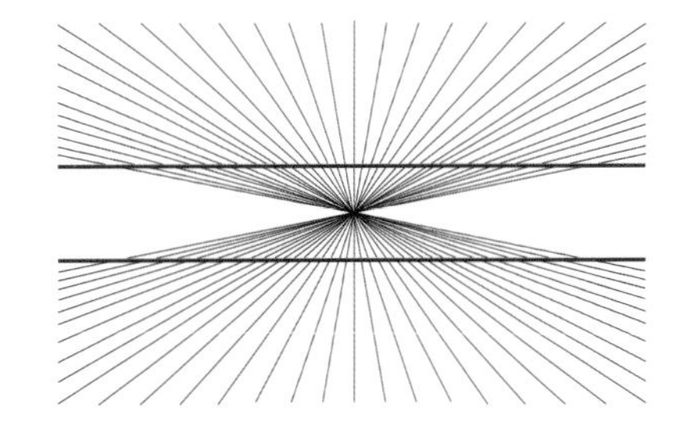

图 5-33　黑林的变形错视

20 世纪 60 年代流行的“欧普艺术”（Op Art），又被称为“视觉效应艺术”或“光效应艺术”，是利用人类视觉上的错视所绘制而成的绘画艺术，它主要采用黑白或者彩色几何形体通过复杂排列、对比、交错和重叠等，造成各种形状和色彩的有规律或无规律活动的

感觉，给人以视觉的冲击与幻象（图 5-34、图 5-35）。

图 5-34　错视图案 1

图 5-35　错视图案 2

我们在日常生活中，由于人的心理暗示，视觉总是不经意地追随线条，将错视应用在服饰中能起到良好的视觉矫正作用。例如，在礼服设计中，利用米勒·莱尔的错觉原理，V领和A摆不仅能拉伸模特的比例长度，下摆似箭头向外扩展时也会形成放大空间的错觉（图 5-36）。另外，错视图案作为一种独特的图案风格，也丰富了创意服装设计的表现，特别是欧普艺术风格在服装设计中的应用，按一定规律给人视觉上的动感和强烈的视觉刺激（图 5-37）。

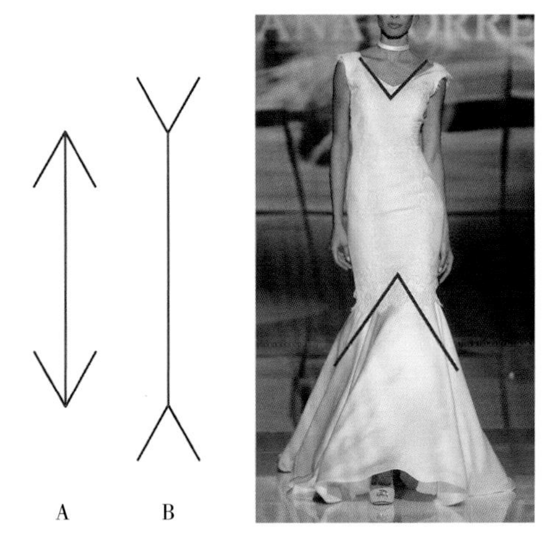

图 5-36　错视原理在服装设计中的应用

图 5-37　错视图案在服装中的体现

第六章

PART 6 图案的设计与表现

课题名称：图案的设计与表现

课题内容：图案设计的形式法则

图案的表现形式

图案设计的表现方法

课题时间：8 课时

教学目的：通过学习，了解图案设计的形式法则；掌握写生与归纳的表现形式、创意与变形的表现形式；掌握不同的图案设计表现方法。

教学重点：深刻理解图案的形式法则，能使用多种表现形式和表现方法实践图案设计。

作业要求：1. 以植物或动物为题材，进行图案的写生归纳一幅，用色不限，尺寸自定，规格 A4。

2. 以任意题材，进行图案的变形创意一幅，方法不限，用色不限，尺寸自定，规格 A4。

第一节 图案设计的形式法则

一、变化与统一

变化是指图案元素的差异性。表现在空间方面的上与下、左与右、前与后等，造型方面的大与小、方与圆、曲与直等，色彩方面的冷与暖、明与暗、鲜与浊等，肌理方面的软与硬、糙与细等。对比与变化给设计带来丰富与活跃，然而过度的变化会使设计不安和杂乱无章。

统一是图案元素按一定规律的内在联系，如在空间、造型、色彩、肌理等方面通过设计手段达到相同或相似。统一给人和谐、稳定的感觉，也会带来单一、枯燥的印象（图 6-1）。

图 6-1 变化与统一在服装中的应用

二、对称与均衡

对称是指以中心线或中心点为轴心而产生的图案元素等量的、有规律的排列组合。对称分为绝对对称和相对对称两种，绝对对称的图案给人安定、稳重、大方的视觉印象，但也会因为过于稳定和统一而给人呆板、枯燥的感觉；相对对称，是在对称的框架中稍微变动造型、色彩等，带来静中见动之感。

均衡是人们在视觉上追求的一种大小、位置、比例、色彩等心理平衡的排列方式。它虽不对称，但图案元素的组合不失重心感，给人稳定、和谐又不失活泼、生动的视觉印象，但均衡如果没有把握好度的话也会失去平衡感，给人散乱不定的感觉（图 6-2）。

图 6-2　对称与均衡在服装中的应用

三、节奏与韵律

节奏与韵律是从音乐的术语中引申出来的形式美法则。

节奏是指按一定的秩序，重复连续排列而产生的律动形式，是规律的重复。如二方连续、四方连续，由单一图案元素等距离连续构成，有上下、左右的对称排列等，也有间隔方式不断出现的交替节奏等，条理和反复形成节奏感。

韵律是在节奏的基础上进行有组织、有律动的和谐运动。它不是简单的重复，而是对图案元素的大小、长短、疏密、色彩肌理等做有规律的艺术加工，使其像音乐一样有强弱、起伏、渐变、呼应、顿挫等变化（图 6-3）。

图 6-3　节奏与韵律在服装中的应用

第二节　图案的表现形式

一、写生与归纳

服饰图案的表现内容主要涉及花卉植物、人物人文、动物神兽、风景风情、建筑器物等。服饰图案的写生与归纳为获取创作灵感、收集创作素材、积累创作形象、丰富创作语言等打下基础，是图案设计的前提条件。

写生是客观地捕捉事物的外在形态、内在结构和规律，归纳是在写生基础上的统筹整理，最后遵循形式美法则进行图案的变形创作（图 6–4~ 图 6–6）。

图 6–4　图案写生归纳的过程 1（作者：魏子尧）

图 6–5　图案写生归纳的过程 2（作者：孙贵雾）

图 6–6　图案写生归纳（作者：莫雁婷）

二、创意与变形

1. 省略法

省略法是去掉写生原形的繁杂细节，保留其主要特征的高度概括的方法。省略后的图案形象更加简洁、纯粹和统一（图 6–7）。

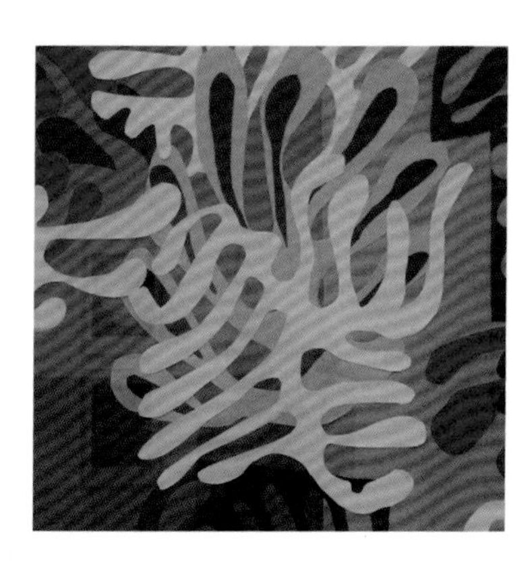

图 6–7　省略法图案

2. 添加法

添加法先减后加，是在原有造型的基础上进行装饰、丰富形成新的图案形态的方法。添加内容可不拘一格、丰富多样，多为超越自然形态的变化（图 6–8）。

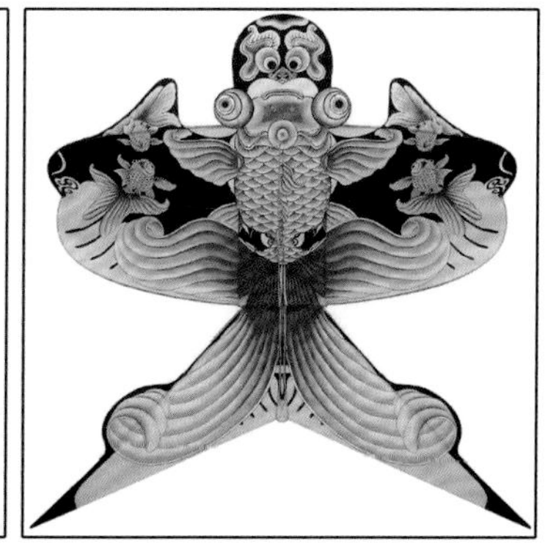

图 6–8　添加法图案

3. 夸张法

夸张法又称为变形法，是抓住原形的特征，对其进行主观的放大、缩小、加长、缩短、增粗、改细等艺术加工的方法。变形法使用广泛，形象夸张诙谐，装饰性较强（图 6–9）。

图 6-9　夸张法图案

4. 巧合法

巧合法是选取原形对象典型共性的部分，按照图案规律使之碰巧相遇组合，形成新的图案的方法。巧合法构思巧妙，如中国传统图案中的“六子共头”“三兔共耳”就是典型的巧合图案（图 6-10）。

图 6-10　巧合法图案

5. 象征法

象征法又称寓意法，是对人类情感赋予某种形象的方法，多用于传统吉祥图案和民间图案。例如中国传统图案的“太平有象”图案，瓶与平同音，太平有象是天下太平、五谷丰登的意思；“仙鹤延年”图案，则是将仙鹤视为高洁、长寿的象征（图 6-11）。

图 6-11　象征法图案

第三节 图案设计的表现方法

图案设计的表现方法主要分为以手绘为代表的传统表现方法，以及以计算机合成为代表的现代表现方法。传统表现的工具有铅笔、钢笔、毛笔等，材料有水彩颜料、水粉颜料、丙烯颜料、纺织染料等，另外拼贴、防染、拓印等方法也可以获得不同的图案效果。现代表现方法主要依靠计算机辅助设计软件，如Photoshop、Illustrator、CorelDRAW、Procreate等绘图软件，创造更标准规范、更多元丰富的图案。

一、传统的表现方法

1. 线描

线描是使用铅笔、钢笔、针管笔、马克笔、毛笔等工具描绘图案的方法。线描图案多偏写实，整体以黑白色彩为主，线条有虚实、粗细、轻重等变化（图6–12）。

图6–12 线描图案及其在服装中的应用

2. 彩绘

彩绘是用马克笔、彩铅、水彩颜料、水粉颜料、丙烯颜料、纺织染料等多种材料，使用平涂、晕染、喷绘等方法表现图案的形体、色彩、明暗、体积、空间等，其风格有写实和写意两种（图6–13）。

图 6-13　彩绘图案及其在服装中的应用

3. 拼贴

利用面料、辅料等材料通过剪、镂、刻、贴的方式，将不同元素的图片信息统一在同一画面的表现形式，这种方式灵动自然、妙趣横生，效果出人意料（图 6-14）。

图 6-14　拼贴图案及其在服装中的应用

4. 防染

蜡染、扎染、镂空印花、夹染是古代四大防染传统工艺，其色调素雅、风格独特，用于制作服装服饰和各种生活用品，风格朴实大方、清新悦目（图 6-15）。

图 6-15　防染图案及其在服装中的应用

5. 拓印

拓印是中国最早出现的一种特殊印刷术，面料拓印的方式有很多，如传统的四色印花、铁锈拓印、植物拓印等（图 6-16）。

图 6-16　拓印图案及其在服装中的应用

二、现代的表现方法

当前，随着服装市场需求的改变和扩大，需要更加丰富多彩、反应快速、符合工业化生产需求的图案制作，各种计算机制图软件应运而生，成为时下最快捷高效的一种方式。

计算机软件制图可以在软件里对传统绘制的初稿进行加工处理，也可直接在软件中进行创作，其优势在于避免了手工绘制图案不精确的弊端，利用计算机分色、配色等多种方法，可以更方便地实施配色方案，使图案设计在层次结构、表现手法、肌理效果、纹样创新上更智能多元，在成品效果的展现上更直观丰富（图 6-17）。

图 6-17　计算机合成图案及其在服装中的应用

应用篇

第七章

PART 7 服装色彩和图案设计的原则与分类

课题名称： 服装色彩和图案设计的原则与分类

课题内容： 服装色彩和图案设计的原则
服装色彩和图案设计的分类

课题时间： 2 课时

教学目的： 通过学习，了解服装色彩和图案设计的5W原则和TPO原则；从职业、性别、年龄三个方面了解服装色彩和图案设计的分类。

教学重点： 掌握服装色彩和图案设计的原则，可根据不同的服装类型进行相应的色彩图案设计。

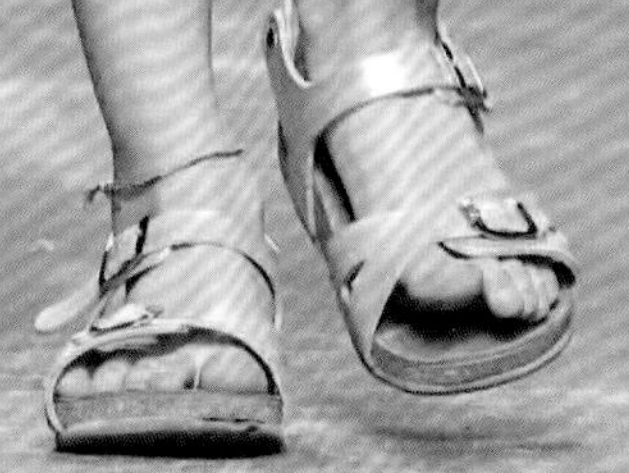

第一节 服装色彩和图案设计的原则

“美”“和谐”是服装色彩和图案设计的前提与基础。色彩与图案的设计不仅要遵循基本理论、基本方法、形式法则等，更要以人为本，考虑穿着者的个体特征，5W原则与TPO原则就是根据不同个体和人群进行服装设计的两个设计准则（图7-1）。

图7-1 不同场合的服装风格

5W即以W开头的五个英文单词，分别是WHO、WHEN、WHERE、WHY、WHAT。

WHO是指穿着对象，或者是目标顾客。例如性别、年龄、身高、体型、肤色、性格、爱好、职业、收入水平、生活环境、文化程度、民族宗教等个体信息的不同，决定着其对于服装的需求也不尽相同，更多地了解客户信息，对于有的放矢地进行设计起着至关重要的作用。

WHEN是指什么时间穿，包含季节因素和具体的时间因素，如服装有春、夏、秋、冬四季之分；对于正式场合的礼服，如白天应穿着晨礼服、午后礼服，而18:00以后则要更换成晚礼服。

WHERE是指穿着的地域和穿着的场合。穿着地域包括不同的洲际、国家、省份、地理环境等，如中国幅员辽阔，地理环境上的南方和北方在服装的款式、色彩、板型、尺码上都存在一定的差异；而具体场合方面，又分为工作场合、居家场合、运动场合、娱乐场合等，不同场合的着装要求也不相同。

WHY是指为什么穿，即穿衣的目的或动机。例如参加画展、参加会议、参加婚礼、外出旅游等，不同场合，动机不同，服装风格也会大相径庭。

WHAT是指穿什么，是确定了WHO、WHEN、WHERE、WHY后，服装具体的风格、款式、色彩、面料等。

TPO原则是5W原则的简化和概括，T(Time)指穿着时间，相当于WHEN；P（Place）指穿着地点，相当于WHERE；O(Occasion)指穿着场合，相当于WHY。

第二节　服装色彩和图案设计的分类

一、按职业分

职业装又称工作服，是为工作需要而特制的服装。职业细分很广，有政府机关、学校、武警消防、医生护士、体育运动、空乘地勤、宾馆餐厅、安保环卫、各类公司团体等。

从生理角度看，在职业装中正确使用色彩和图案能对人体起到一定程度的保护作用。例如，手术室里的外科医生通常穿着绿色的手术服，就是为了避免长时间凝视红色的血液造成视觉疲劳，相应的感觉灵敏度降低，进而缓解视觉压力。

从心理角度看，职业装中服装的色彩和图案能起到增加信赖感、舒缓情绪的作用。例如，医护人员的服装一般是白色的，洁白的服装容易发现污点，便于及时清理，还给人信任可靠的感觉；而妇幼医院的护士大多穿着粉色或藕荷色的服装，能在一定程度上消除病患的紧张感，让人感到舒适和亲近。

另外，职业装还能起到保护和警示的作用。例如，军队的迷彩服能起到隐蔽的作用，不易被人发现；环卫工人、消防救援人员的橘红色服装及反光亮条，能起到警示保护的作用；而运动员的运动服装装备色彩，不仅突出运动的美感，还能在运动场上起到醒目提示的作用。

职业装的色彩与图案也具有象征性。例如，公检法部门采用黑色或是藏青色作为制服的色彩，象征公平正直、廉洁严明。

由此可见，职业装的色彩与图案设计要结合职业特征、团队文化、穿着习惯等进行综合全面的考虑，不仅要对从业者起到保护作用，更要彰显其职业特性和专业程度，使外人也可以通过服装的色彩和图案来判定、区别职业及工种（图7-2）。

图 7-2 不同职业的服装风格

二、按性别分

1. 女装

女装在时装市场中占比较大，以表现女性性感、柔美为主，是时尚和潮流的代表。女装色彩和图案取材广泛、丰富多样、风格多变，且随着流行仍在不断变化。

温暖柔和风格的女装，突出女性的柔媚气质，色彩细腻、高雅，以浅灰色调、淡色调为主，图案少而精细（图 7-3）。明媚清新风格的女装，突出女性的甜美娇艳，色彩明快、鲜活，以明亮色调、浅色调为主，图案简单欢快（图 7-4）。强烈对比风格的女装，突出女性的活力个性，色彩鲜艳、兴奋，以纯色调、强烈色调、深色调为主，图案大而灵动（图 7-5）。

图 7-3 温暖柔和风格的女装

图 7-4　明媚清新风格的女装

图 7-5　强烈对比风格的女装

2. 男装

传统男装强调突出男性的男子气概，追求沉稳简练、威严庄重，服装色彩和图案较少受到流行因素的影响，风格相对内敛和稳定，但随着时代的发展，男装色彩与图案也越来越丰富多元。

古典优雅风格的男装，以偏正装的款式为主，色彩上以冷色和无彩色为主，深蓝色系、黑色系、灰色系是最为常见的色彩，整体呈现出高端、沉静、低调的气质风范（图 7-6）。自然休闲风格的男装，款式轻松随意，层次丰富，色调和图案自然调和，贴近户外，大地色系、军旅色系等是自然休闲风格最常用的色系（图 7-7）。活跃运动风格的男装，服装款式偏街头，多选用柠檬黄、亮橘色、亮绿色等纯度较高的色彩，注重服装图案，且图案丰富多变（图 7-8）。

图 7-6　古典优雅风格男装

图 7-7　自然休闲风格男装

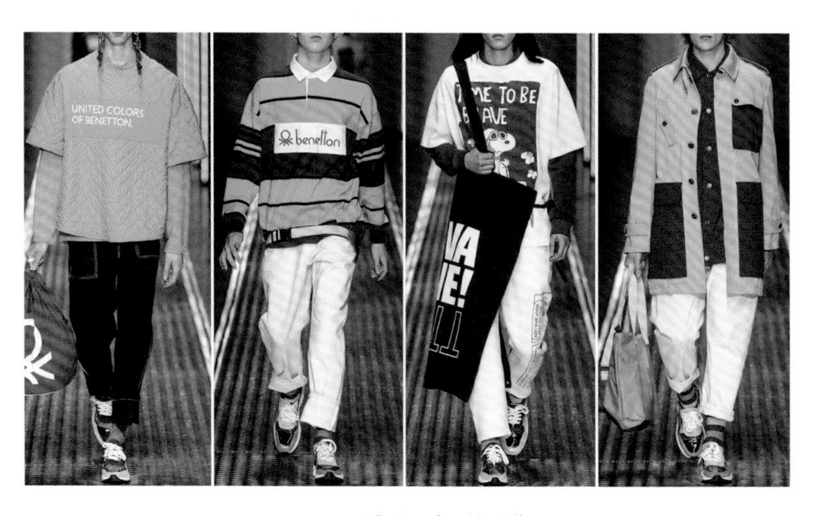

图 7-8　活跃运动风格男装

3. 中性服装

随着社会文化的多元化发展，服装的审美也呈现出多变的趋势。中性服装是现代服装类别的名称，是指没有明显性别界限、男女都可以穿着的服装。中性服装颠覆了传统的男装和女装观念，阳刚之美和阴柔之美可以互相转换呈现。

女装偏男性的中性服装，廓型硬朗，多采用黑、白、灰的无彩色和低明度、低纯度的色彩，显得沉稳、坚韧、理性、阳刚（图 7–9）。男装偏女性的中性服装，廓型柔和，多采用纯度高、明度高的华丽色彩，如鹅黄、粉色等鲜艳粉嫩的色彩，显得优雅、温柔、丰富、多变（图 7–10）。

图 7–9　女装偏男性的中性服装

图 7–10　男装偏女性的中性服装

三、按年龄分

1. 婴幼儿装色彩图案

婴儿装指 0~1 岁的儿童服装，幼儿装指 1~3 岁的儿童服装。一方面，婴儿的神经系统尚未发育完全，强烈的色彩会刺激婴儿的视觉神经，导致视神经损伤，因此在服装色彩上多选用粉色系和浅色系，以保护婴儿的视力，使其平稳发展；另一方面，婴儿皮肤娇嫩，对外界的适应能力较弱，服装选择上多采用天然彩棉、有机棉制成的素色无印花图案的服装，可以降低染料和甲醛对婴儿皮肤的伤害。幼儿期的儿童，已经开始探索世界，对色彩逐渐敏感，色彩和图案的选择上较婴儿期更加明亮、鲜艳、丰富，但此阶段儿童的抵抗力依然很差，天然提取色素染织的服装更加卫生和安全（图 7–11）。

图 7–11　婴幼儿装色彩图案

2. 童装色彩图案

童装特指 3~6 岁学龄前和 7~12 岁学龄期的儿童服装。这一时期的儿童活泼好动，对色彩也更加敏感，明亮鲜艳的颜色能给他们带来更加愉悦的感受。总体来说，这个时期的服装以不同色相的色彩搭配为主，对比较为强烈，明度、纯度都较高，图案充满趣味性和活泼感（图 7–12）。

图 7–12　童装色彩图案

3. 青少年装色彩图案

青春期是儿童到青年的过渡时期，此时的青少年对美的意识开始萌芽，逐渐形成一定的审美能力，对色彩的选择有自己的体会和主见，同时也紧随潮流，各种色彩都愿意尝试，清纯甜美、简单干练、朴实自然、阳光另类等都是这个时期青少年的着装风格，色彩整体纯度、明度较高，图案丰富多元，以条纹、格纹、字母等元素为主（图 7-13）。

图 7-13　青少年装色彩图案

4. 青年装色彩图案

年轻人是社会生产和消费的主力军，他们不被传统约束，个性十足，对自身的认识和对美的见解更加精准独到，可以依据自己的喜好来装扮自己。他们关注流行色、追逐品牌、感性消费，在服装色彩和图案的选择上也更加自由、灵活，注重不同场合的着装需求，色彩与图案也会随着不同需求而不断变化（图 7-14）。

图 7-14　青年装色彩图案

5. 中年装色彩图案

中年是社会的中坚力量，收入稳定、思想成熟，不再盲目追随流行，有自己喜欢的固定搭配，比青年人更注重品质和色彩，穿衣打扮更注重气质修养，品位高雅大方，体现在服装色彩上就是色相数量减少，多选用低纯度、低明度的色调，色彩和图案上更含蓄内敛、稳重沉着（图 7-15）。

图 7-15　中年装色彩图案

6. 老年装色彩图案

老年人对流行已不大关注，更注重服装的实用性和舒适性，不喜欢刺激的色彩，追求平静安逸的视觉效果，突显气质与智慧。然而，随着社会和时代的不断转变，不少老年人也重新追求年轻与时髦，穿得比年轻人还要夸张和艳丽，这是心态年轻的表现（图 7-16）。

图 7-16　老年装色彩图案

第八章

PART 8

服装色彩与图案的设计方法

课题名称： 服装色彩与图案的设计方法

课题内容： 服装色彩设计与搭配

服装图案设计与搭配

课题时间： 8 课时

教学目的： 通过学习，从色彩的数量与层次、调和与对比、比例与平衡、点缀与呼应方面掌握服装色彩的设计与搭配；从图案的解构与重组、局部与整体、比例与平衡、点缀与呼应方面掌握服装图案的设计与搭配；掌握解析成衣品牌色彩与图案的方法。

教学重点： 在更深层次上掌握服装色彩设计与搭配、服装图案设计与搭配的技术和方法。

作业要求： 1. 分析成衣品牌某一季的秀场色彩设计（秀场色彩总览、色彩搭配比例分析、色调分析），规格 A4。

2. 分析成衣品牌某一季的秀场图案设计（秀场图案总览、主要图案色彩提取），规格 A4。

第一节 服装色彩设计与搭配

一、色彩的数量与层次

1. 色彩的数量

服饰色彩的搭配是由主体色、辅助色和点缀色构成的，色彩的数量不宜过多，否则会显得杂乱无章，从头到脚的色彩一般不要超过三种，且需要以一种颜色作为主色调（图 8-1）。

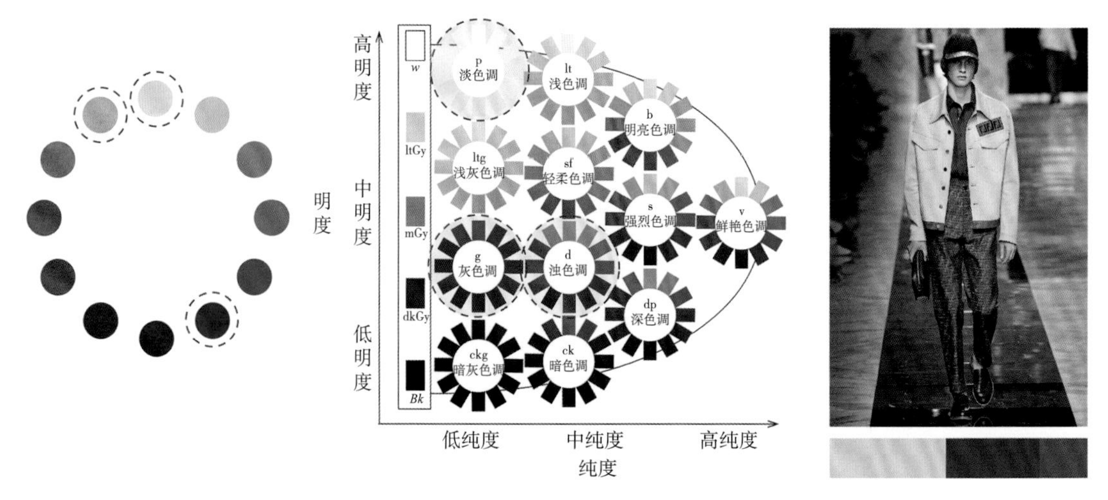

图 8-1 服装色彩的数量

主体色是全身占比最多的色彩，约 60% 以上，通常是套装、风衣、大衣、连衣裙等，给人服饰色彩的第一印象；辅助色起到配合丰富主体色的作用，通常是衬衣、背心等单品，在全身中的占比约为 25%；点缀色的占比最小，占 5%~15%，多为服装配件的颜色，如丝巾、手套、箱包、鞋、袜等，起画龙点睛的作用（图 8-2、图 8-3）。

2. 色彩的层次

色彩的色相、纯度、明度对比而形成的空间感造就了色彩的层次，如暖色、纯色、亮色有前进感，冷色、浊色、暗色有后退感。其中，明度和纯度对比形成的层次感最为显著，只选一种颜色进行不同明度的搭配，可给人和谐的层次感（图 8-4、图 8-5）。

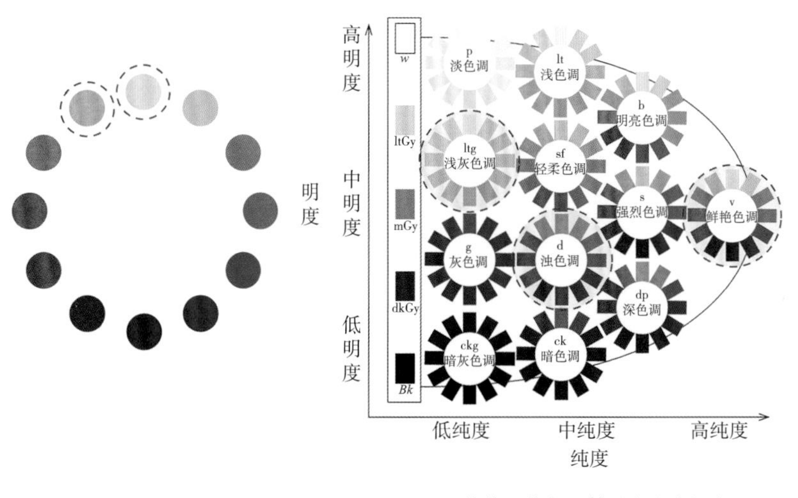

图 8-2　服装的主体色、辅助色和点缀色

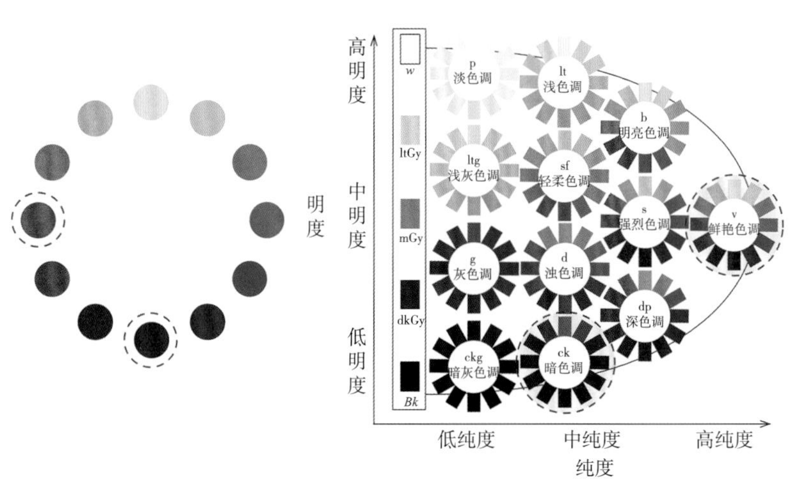

图 8-3　服装配件的点缀

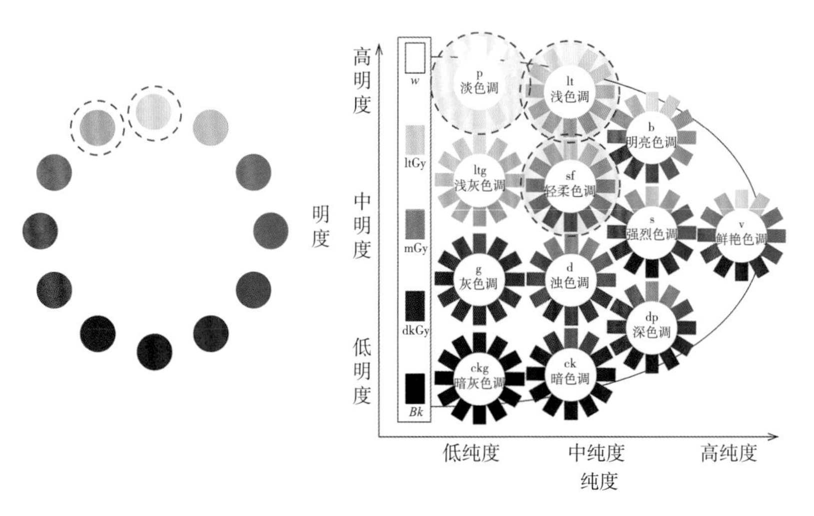

图 8-4　明度对比形成的层次感

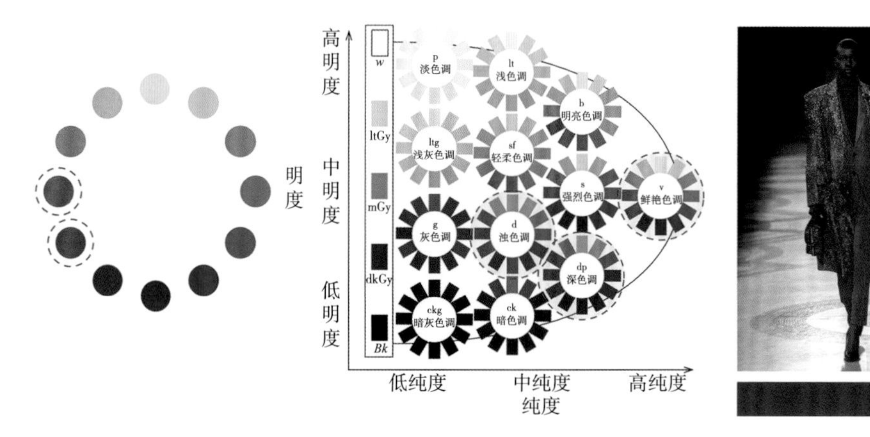

图 8-5 纯度对比形成的层次感

不同深浅的色彩在搭配时，上深下浅的搭配显得端庄大方、保守稳重，适合商务场合（图 8-6）；上浅下深的搭配显得清爽活泼、轻松明快，适合休闲场合，也是春夏季节常见的搭配（图 8-7）。

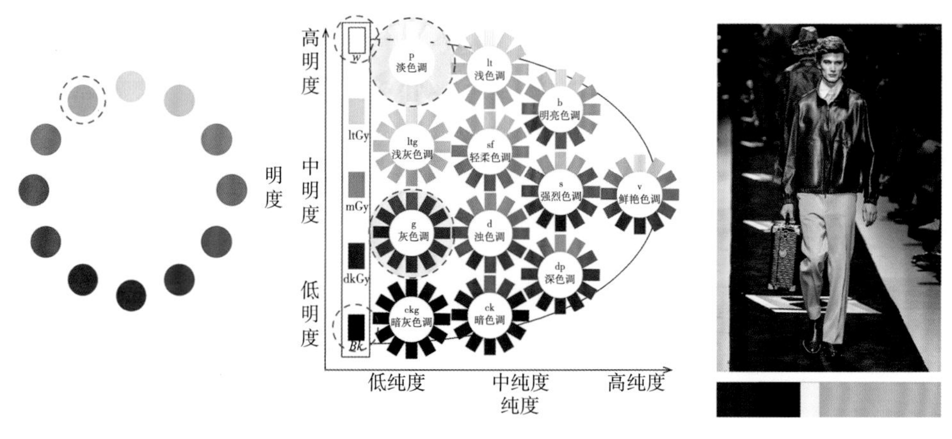

图 8-6 上深下浅搭配的层次感

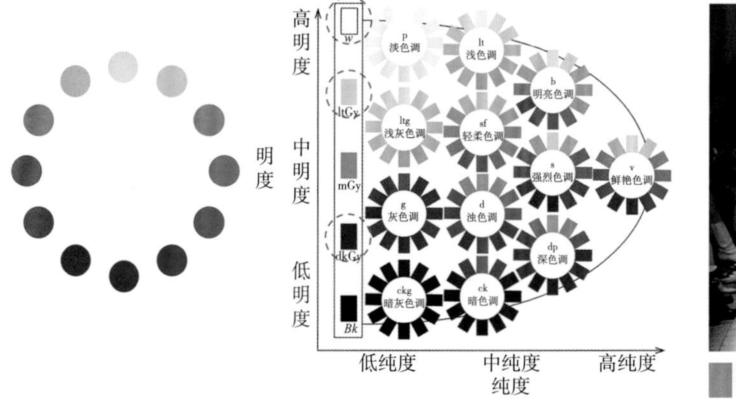

图 8-7 上浅下深搭配的层次感

渐变也是形成层次的重要手法，当色彩按规律从一个色渐变到另一个色时，距离和变化带来有规律的等级次序，和谐的渐变主要有纯度渐变和明度渐变（图 8–8）。

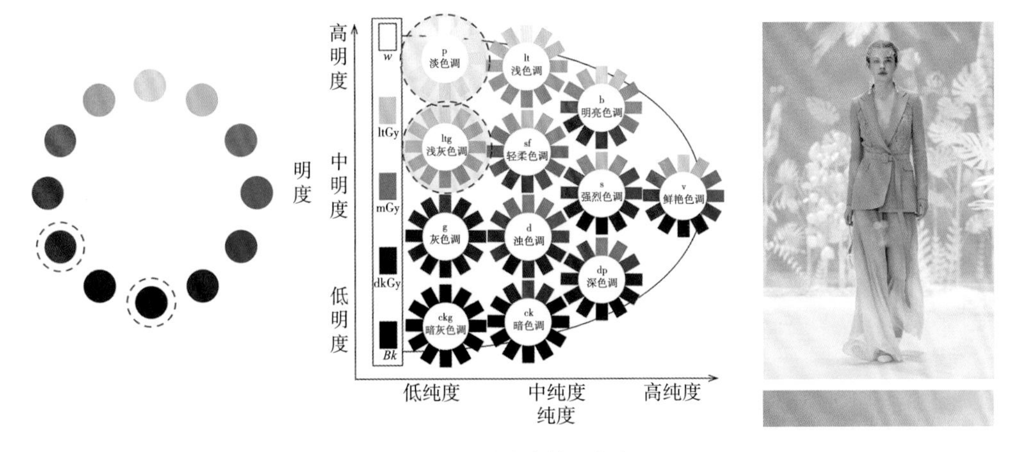

图 8–8　渐变色的层次感

二、色彩的调和与对比

1. 色彩的调和

色彩的调和是指对共同的、相互近似的色彩进行配置而形成的和谐统一的视觉效果。色彩调和包括色相调和、纯度调和、明度调和、色调调和、隔离调和、渐变调和等。

基于色相的配色中，同类色、邻近色、类似色的色彩搭配可以获得和谐统一的色彩效果（图 8–9、图 8–10）。不同色彩相同色调的搭配，也同样能获得和谐的美感。

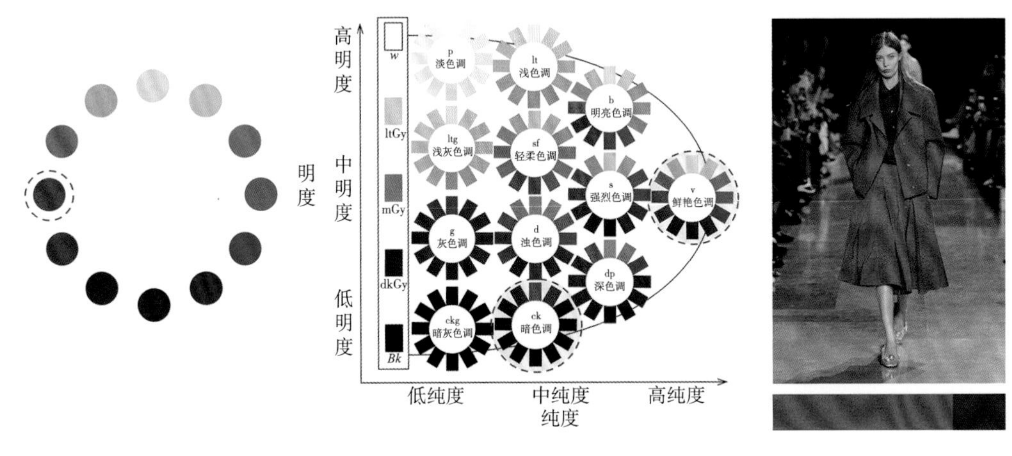

图 8–9　单色配色的调和

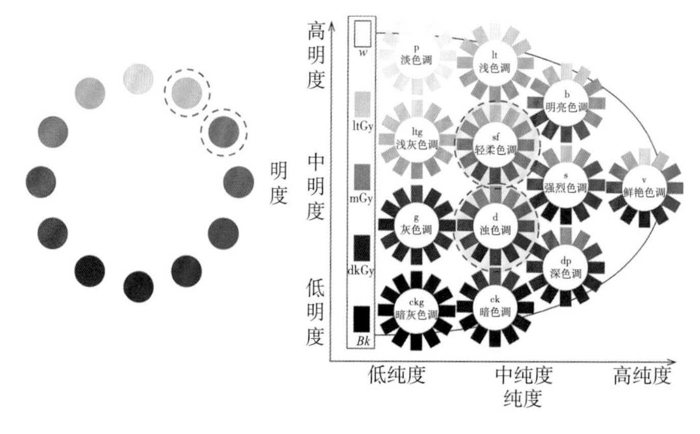

图 8-10 邻近色配色的调和

中差色、对比色、补色的色彩搭配因对比过于强烈而显得紧张、刺激，容易产生不安感。遇到这样的情况，可以通过加白、加黑、加灰、加互补色降低明度和纯度，如图 8-11 所示将两组对比色彩同时加入浅灰，使色调达到调和；也可以通过加黑、加白改变明度进行调和，如图 8-12 所示在强烈对比的色彩里同时加黑、灰，可以降低色彩的鲜艳程度。

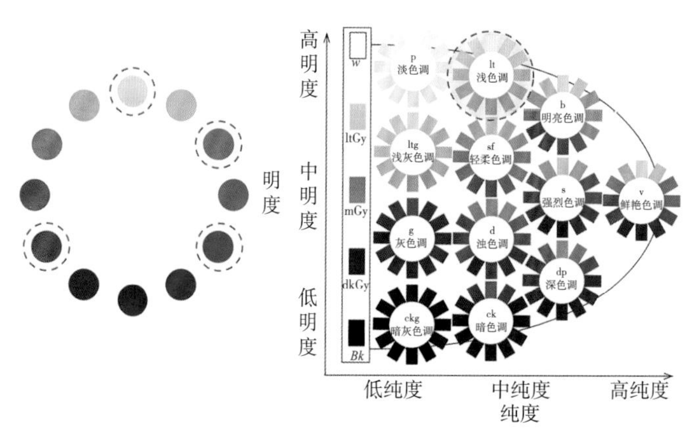

图 8-11 基于纯度的调和

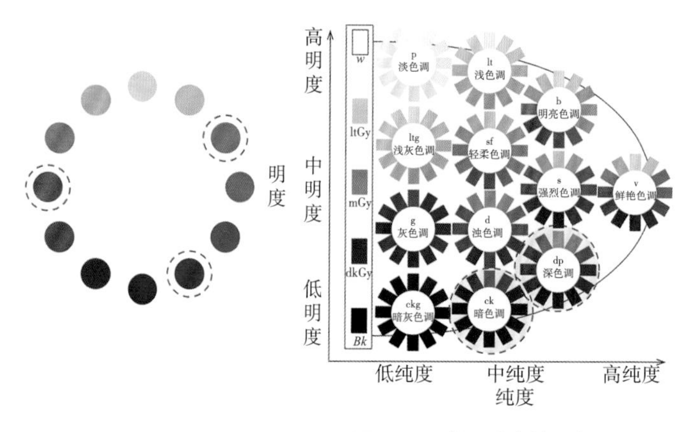

图 8-12 基于明度的调和

对比色并置时，由于色数相差过大而产生刺激和不安的感觉，可以使用隔离法进行调和。隔离调和法有两种，一是使用亲缘关系的中间色进行间隔，二是使用黑、白、灰的无彩色和金、银色进行间隔，如图 8-13 所示就是用黑色对鲜艳色调的对比色进行隔离调和。

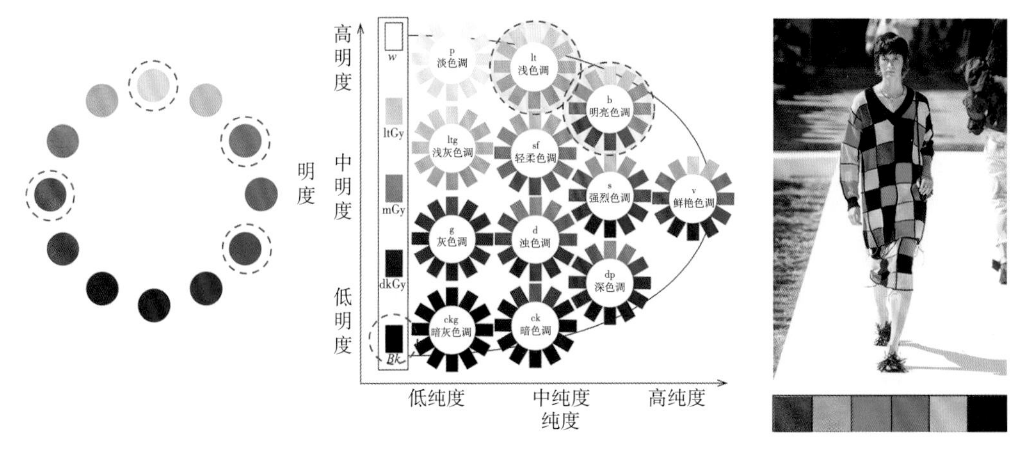

图 8-13　黑色隔离调和

2. 色彩的对比

色彩的对比是指对不同的、落差较大的色彩进行配置而形成的显著和耀眼的视觉效果。色彩对比包括色相对比、色调对比、纯度对比、明度对比、虚实对比等。

基于色相的配色中，色相环距离位置越远的色彩配色效果越强烈，中差色、对比色、互补色的色彩搭配可以获得对比鲜明的色彩效果（图 8-14、图 8-15）。强烈的色调配色也能获得强调的视觉感受。

过于调和的色彩会显得呆板，没有生气，容易产生视觉疲劳。在调和的色彩中使用对比色，能起到强调的作用，将观者视线集中在要强调的部位，增加服装色彩的节奏感（图 8-16）。

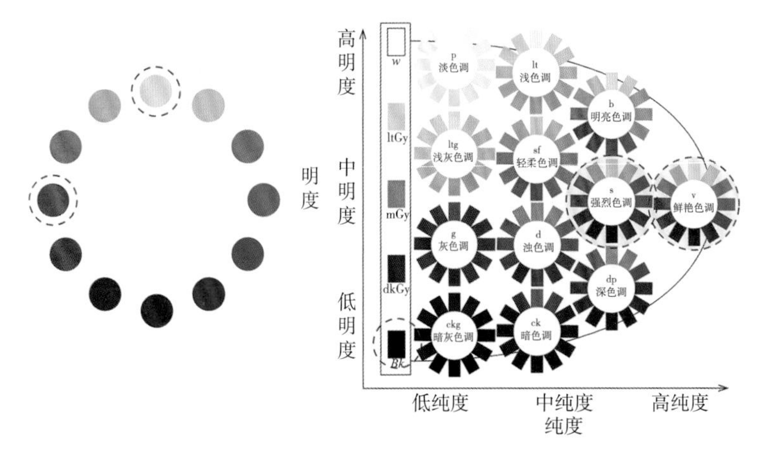

图 8-14　中差色配色的对比

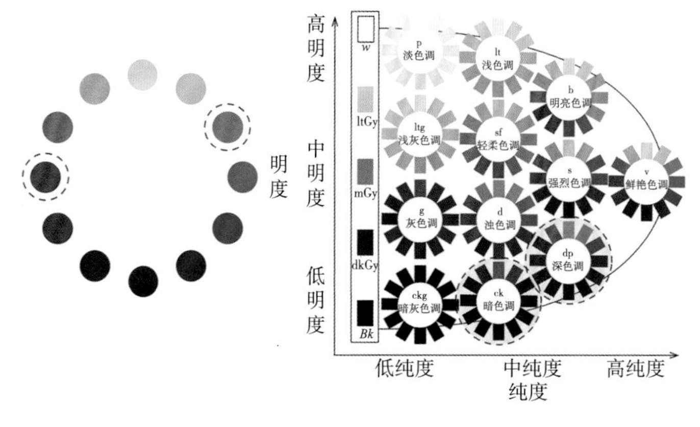

图 8-15　对比色配色的对比

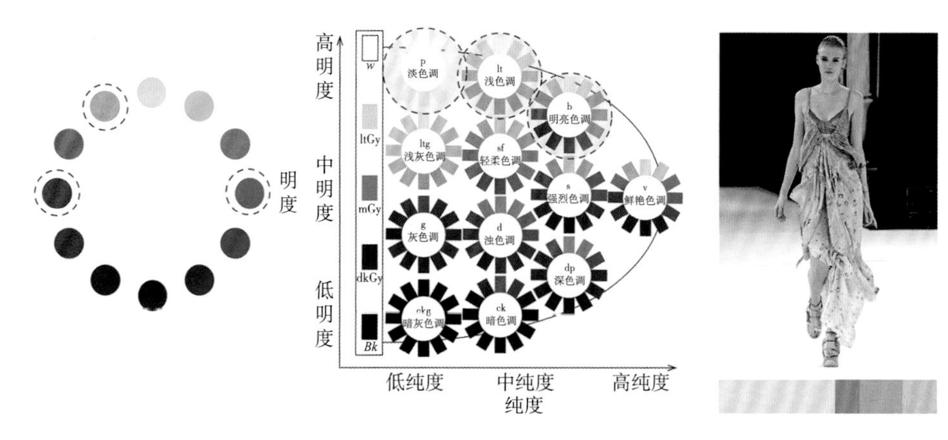

图 8-16　打破调和的色彩对比

高纯度的色彩对比容易带来花哨的感觉，低纯度、无彩色与高纯度色彩的搭配，能形成强烈的对比关系，起到强调的作用（图 8-17）。

色彩明度的对比越大越醒目，辨识度越高。虚实对比是鲜明、突出、整体的色彩与灰涩、模糊、分割的色彩形成的色彩上的虚实关系，也能具有很好的辨识效果。

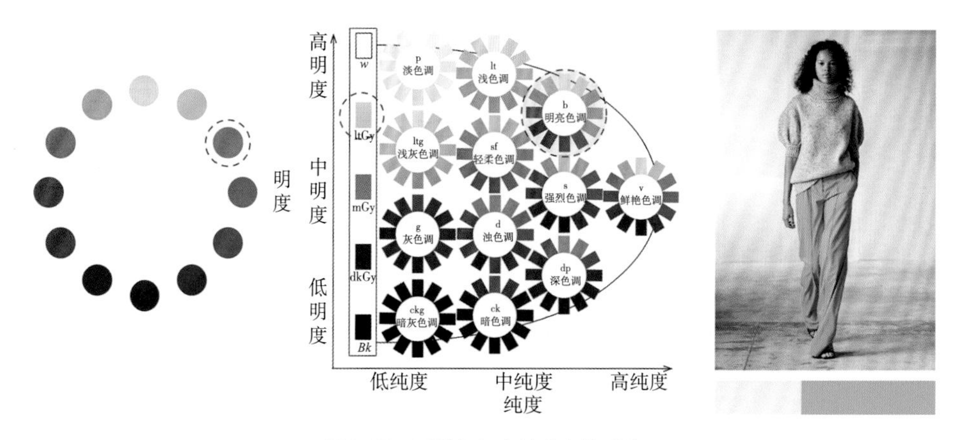

图 8-17　无彩色与高纯度色的对比

三、色彩的比例与平衡

1. 色彩的比例

服装的整体与局部、局部与局部之间存在着一定的数量关系，这种数量关系被称为比例，色彩的布局依托服装的比例关系以形成视觉上的平衡感。例如，上身和下身的色彩如果按 5∶5 分割，会显得人身材矮小，因此上下装色彩一般按 5∶8 或 3∶5 进行分割（图 8–18）。

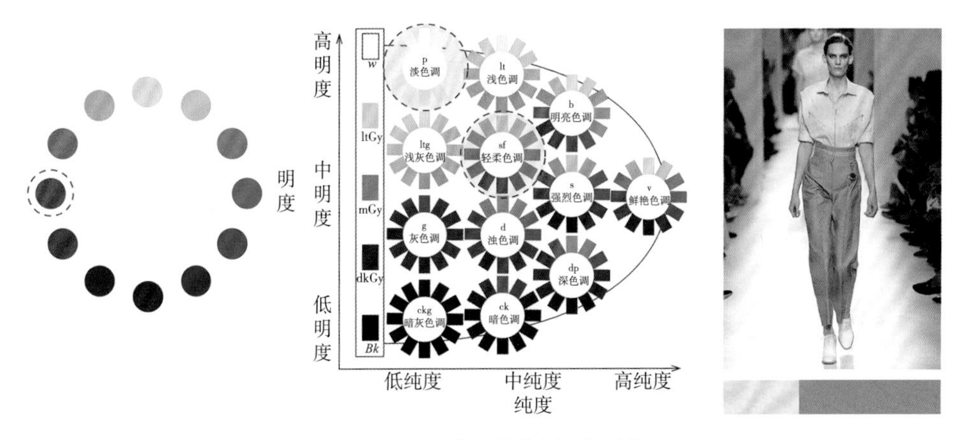

图 8–18　服装比例影响色彩比例

对于多色构成的服装，为了达到色彩的和谐共存，主要采用面积调整法，即根据主体色、辅助色和点缀色的比例改变各色的面积大小（图 8–19）。面积相同的对比色，会因为色彩比例的一致营造出刺激醒目的观感，可使用面积调整法缩小其中一色的占比，以从视觉上达到相对平衡的效果（图 8–20）。

2. 色彩的平衡

色彩的平衡包括色彩的构图平衡、色彩的轻重平衡、色彩的明暗平衡，以及色彩的质感平衡等。

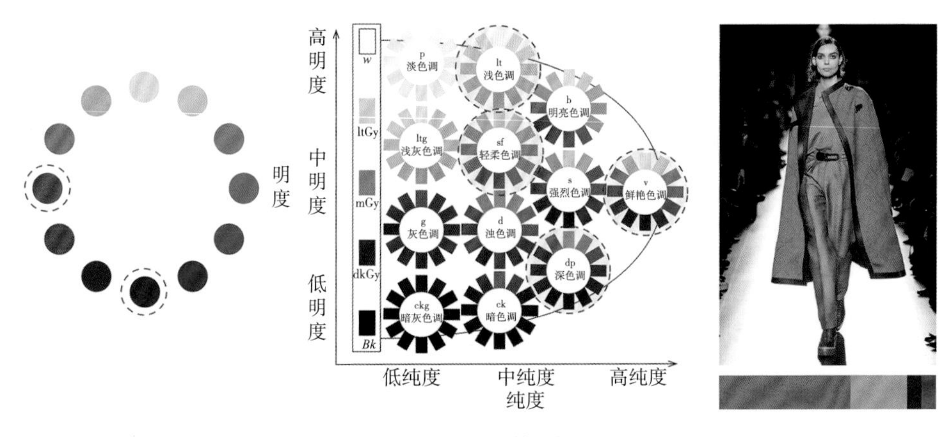

图 8–19　面积调整的比例支配 1

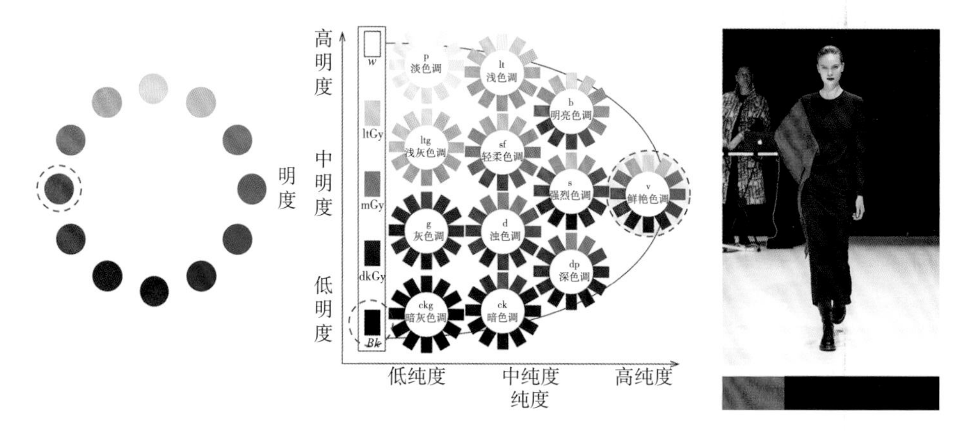

图 8-20　面积调整的比例支配 2

色彩的构图平衡，包括对称和均衡两种方式，是指在服装中应用的色彩达到数量、面积、位置等的视觉平衡（图 8-21、图 8-22）。

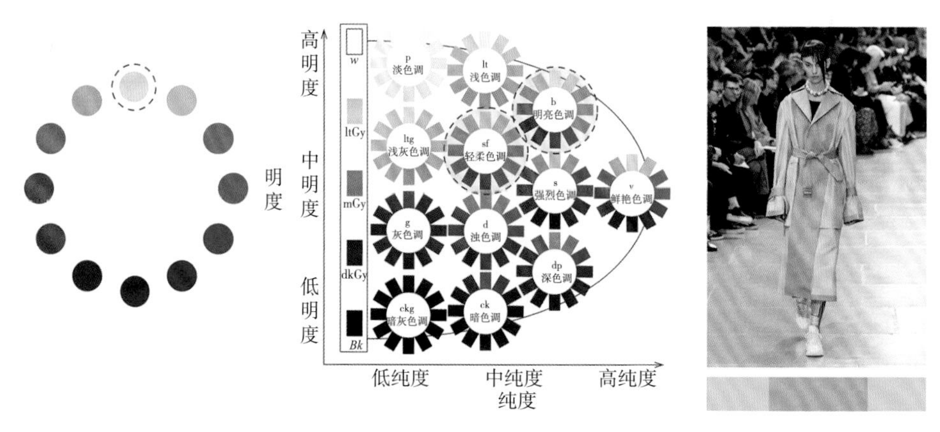

图 8-21　色彩构图的对称

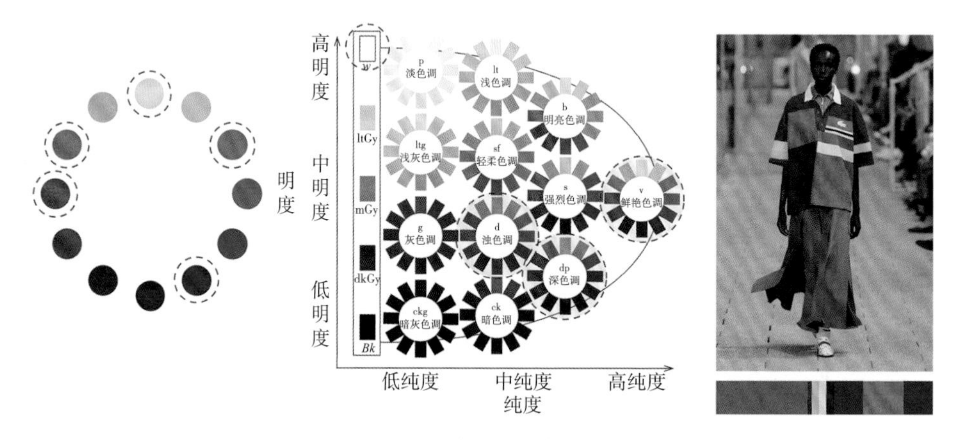

图 8-22　色彩构图的均衡

色彩的轻重平衡、明暗平衡可以使用纯度支配、明度支配、色调支配等达成效果。另外，从生理学角度来说，长时间看一种颜色会产生视觉疲劳，会诱发视神经产生一种补色进行自我调节，因此当补色相遇时，除了通过改变两色的面积比例分配进行调整外，还可以将其中一色作为图案纹样渗透进另一色，以达到视觉的平衡（图 8-23）。

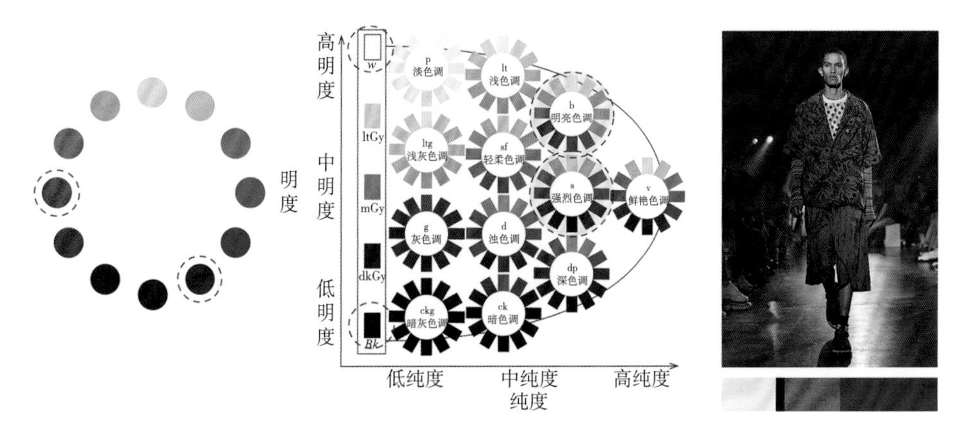

图 8-23　色彩的补色平衡

色彩的质感平衡是指不同格局的色彩之间面料肌理不同带来的视觉对比，相同或相似的色彩肌理组合带来调和的平衡感，相差较大的色彩肌理组合带来对比强烈感。

四、色彩的点缀与呼应

1. 色彩的点缀

点缀色在服装中起到强调的作用，是色彩组合中占比最小的颜色，点缀的位置多分布在上装的领部、胸部、门襟、口袋、袖口、腋下、下摆等处，以及下装的腰头、口袋、裤脚等处。通常选用主体色的对比色相或对比纯度、对比明度的颜色，它的面积越小，色彩对比越强烈，点缀的效果越明显（图 8-24）。

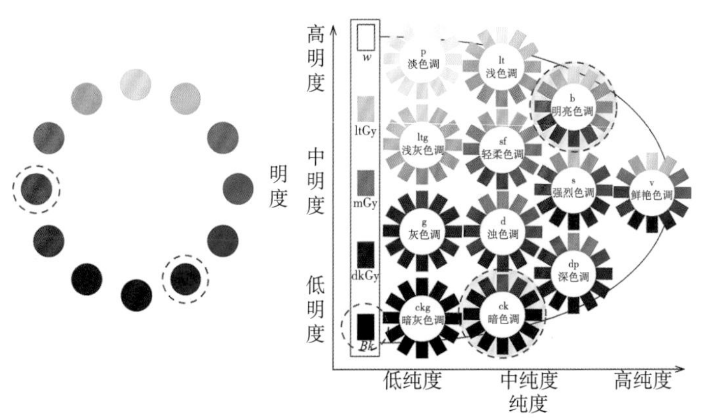

图 8-24　色彩的点缀

例如，服装主体色是明亮的色调，点缀色可以采用低明度、低纯度的色彩，起到稳定明度、增加色重的作用（图 8-25）；当服装主体色是深暗的色调，点缀色可以选择高明度、高纯度的色彩，起到提升亮度、鲜艳度，以及平衡轻重感的作用（图 8-26）。

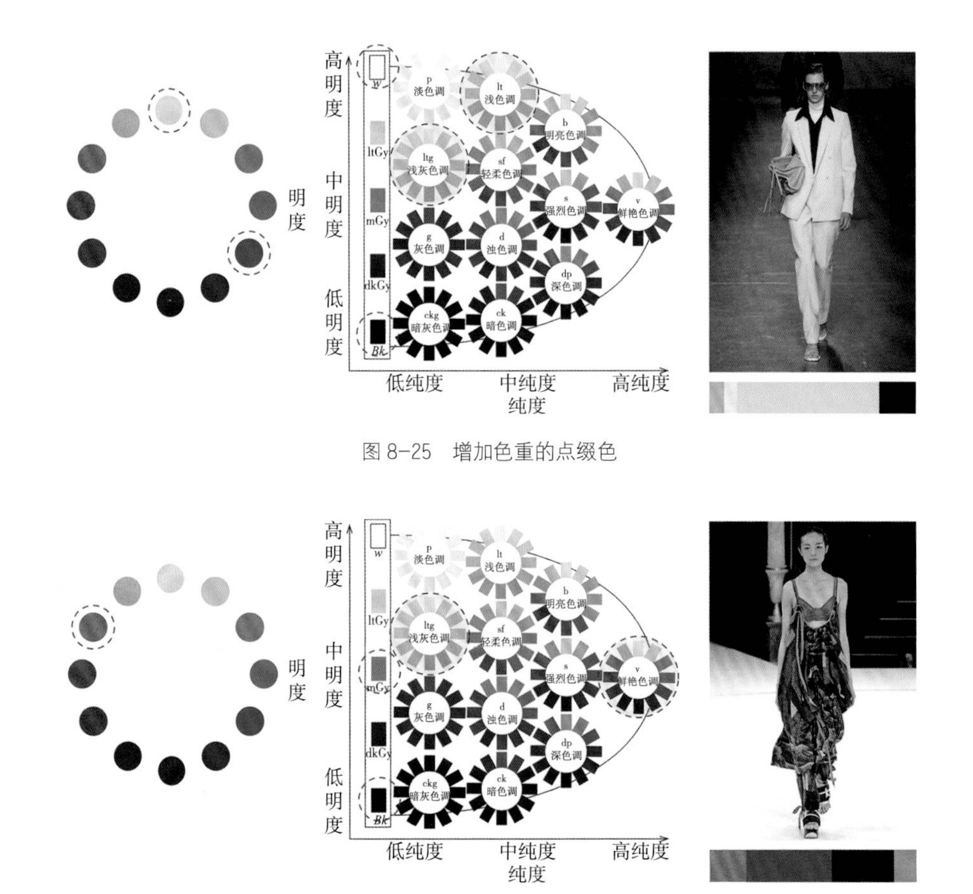

图 8-25 增加色重的点缀色

图 8-26 提升亮度的点缀色

2. 色彩的呼应

色彩的呼应是指在服装色彩构图时，一个颜色获得同一或同类色在上下、左右、前后的应和，从而产生色彩布局中的节奏感和韵律感（图 8-27）。

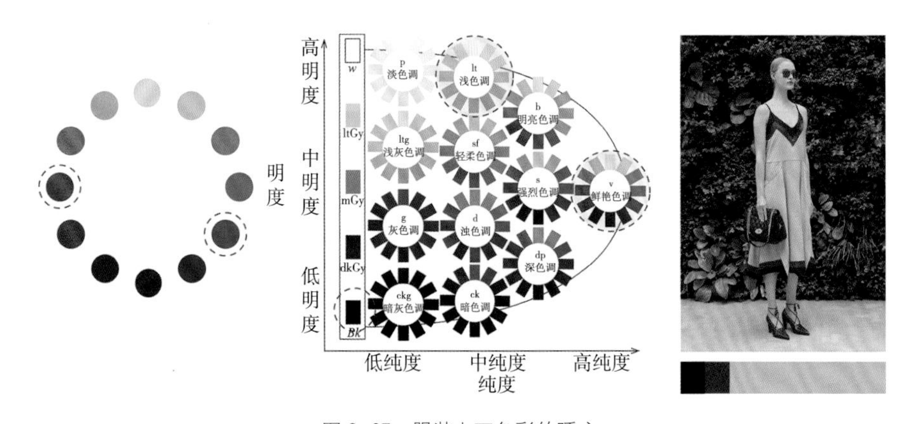

图 8-27 服装上下色彩的呼应

最典型的色彩呼应的搭配方法是“三明治”搭配法，是指在服装色彩整体构思时，饰品与服装颜色一致、上衣与鞋颜色一致、帽子与裤子颜色一致等（图 8-28）。

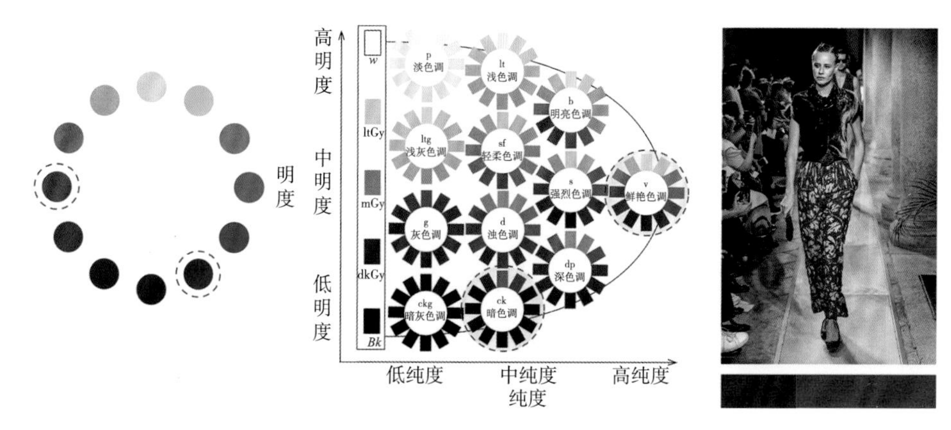

图 8-28 饰品与服装色彩的呼应

在花色单品服装整体配色时，在图案色组合中选择任意颜色与之搭配，不仅能使花色单品与其他色彩单品呼应，也能营造出和谐关联的印象（图 8-29）。

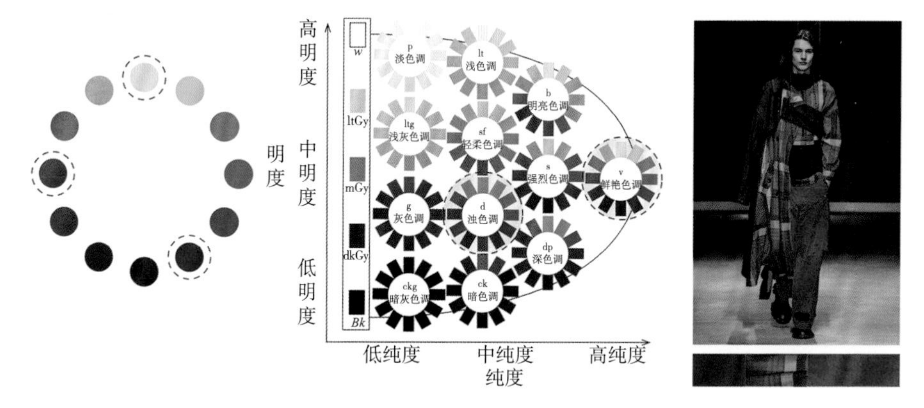

图 8-29 图案单品与色彩单品的呼应

五、成衣品牌色彩设计解析

每一个品牌都会根据自身文化定位制订出专属于自己的色彩密码，好的色彩形象不仅能代表和塑造品牌，给人留下对于品牌的第一印象，更能引起关注，汇聚拥趸，增加销量。

通过品牌服装色彩的解析和学习，能够看到品牌的文化基因和设计元素，从而了解品牌构建的源头和核心价值，这是品牌色彩制订的关键。每个季节、每个波段，大的色彩构架、色彩序列、色彩倾向、色彩组合关系、色彩陈列等的经营安排，不仅是商业上的布置，也是在诠释和加深品牌色彩在消费者心中的印象。

系列服装色彩的整体经营布局、服装与服装之间的色彩关联、服装套内色彩的数量与层次、调和与对比、比例与平衡、点缀与呼应等的解析，也是学习者关注和模仿的重点。

例如，品牌Uma Wang的设计师王汁出生于中医世家，喜欢充满岁月痕迹的东西，东方哲学、淳朴肌理、内敛怀旧是该品牌的文化基因，在她的服装里常常能看到华丽又残破的独特美感，具有时间的痕迹与韵味，因此Uma Wang的品牌色彩多为低明度、低纯度的色调，整体厚重、浓郁、细腻，有古典油画般的气质（图 8-30~ 图 8-33）。

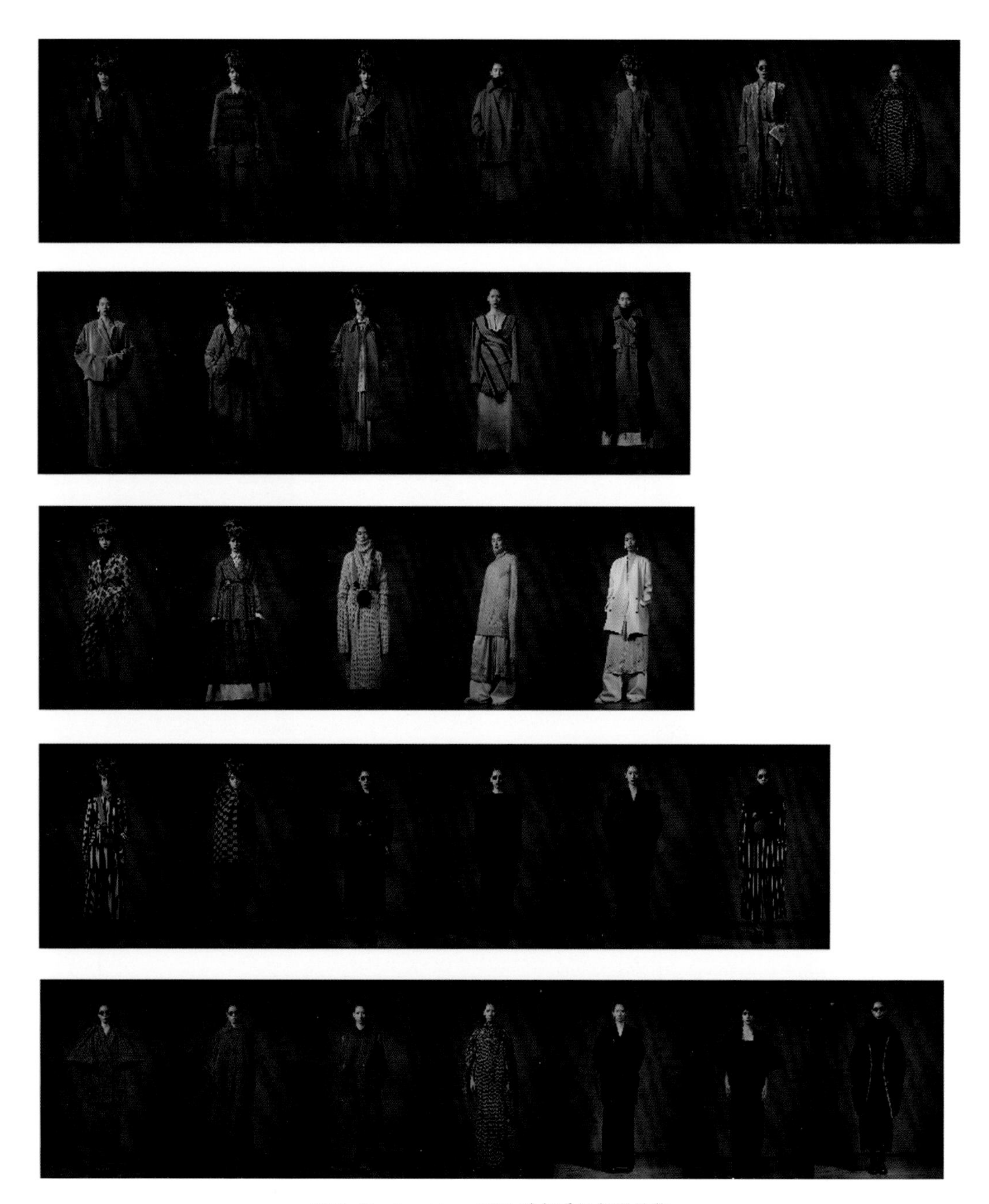

图 8-30 Uma Wang 2021 秋冬秀场色彩总览

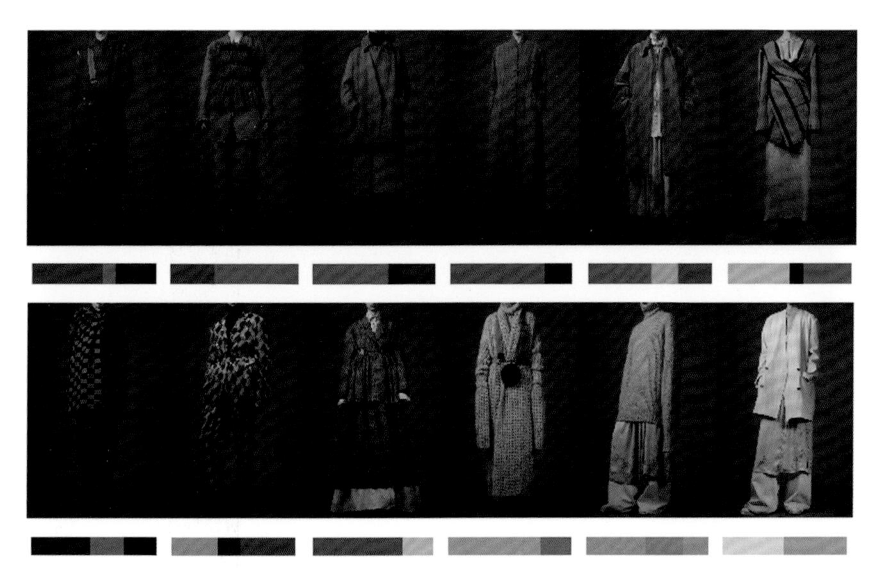

图 8-31　Uma Wang 2021 秋冬秀场色彩搭配、比例分析

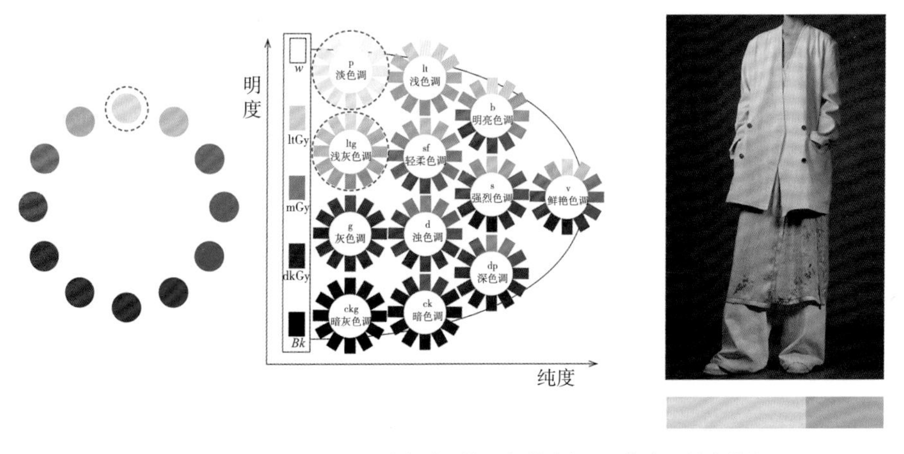

图 8-32　Uma Wang 2021 秋冬秀场单品色彩分析 1（作者：盖奕菲）

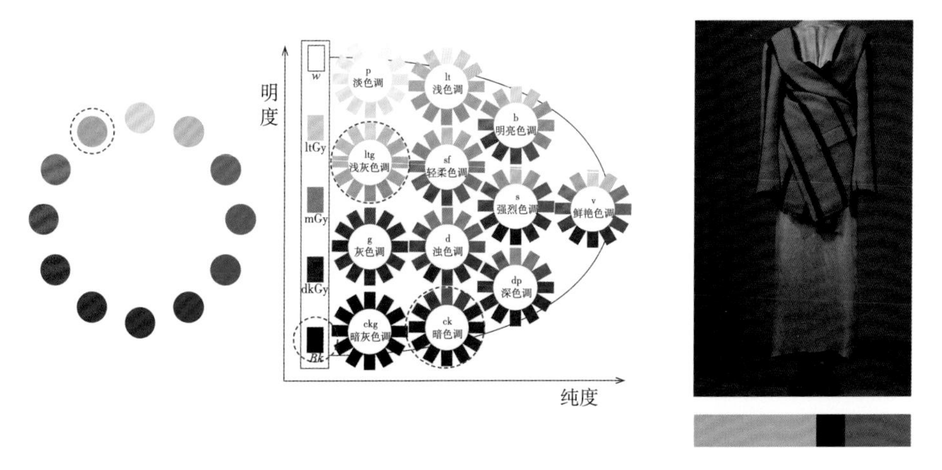

图 8-33　Uma Wang 2021 秋冬秀场单品色彩分析 2（作者：盖奕菲）

第二节 服装图案设计与搭配

一、图案的解构与重组

图案的解构与重组是指对原有图像或图案的结构、元素和色彩进行分解、重组以及再造，重新构建全新的图案艺术形象。破坏、打散、消减、置换、重构是图案解构与重组的主要方法。

1. 图案的解构

解构是将图案一一拆分成基本图形的方法，图案解构的主要手法有破坏与打散、抽象与简化等（图 8-34）。

破坏与打散是指对原有图案的结构、元素等通过分解、残像、裂像、切割、打散等方式进行拆解。

抽象与简化是对原有图案的元素进行消减概括，其中包括平面法、几何法、去色法等。平面法是指将图案的外部特征提取出来，作为新的造型特征；几何法是指将图像完整的形体归纳、概括、分解为几何块面；去色法是将图案色彩归纳成单色画面，形成整体抽象的形象。

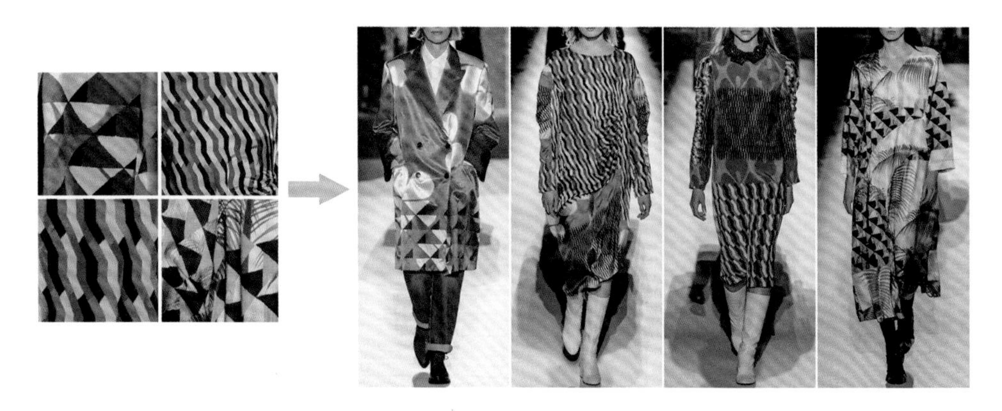

图 8-34　图案的几何解构

2. 图案的重组

图案的重组是以解构为基础，对原有图像或图案进行重新构图、组装等造型的改变，图案重组的主要方法有置换和重构等（图 8-35、图 8-36）。

图案的置换有结构、位置、内容、色彩等的置换，是图案解构后重组的关键，会产生同一素材的不同面貌，甚至还会形成与原素材完全不同的风格和特征。图案的重构是对解构的新元素进行对称、均衡、重复等重新构图，形成既对比变化又和谐统一的视觉效果。

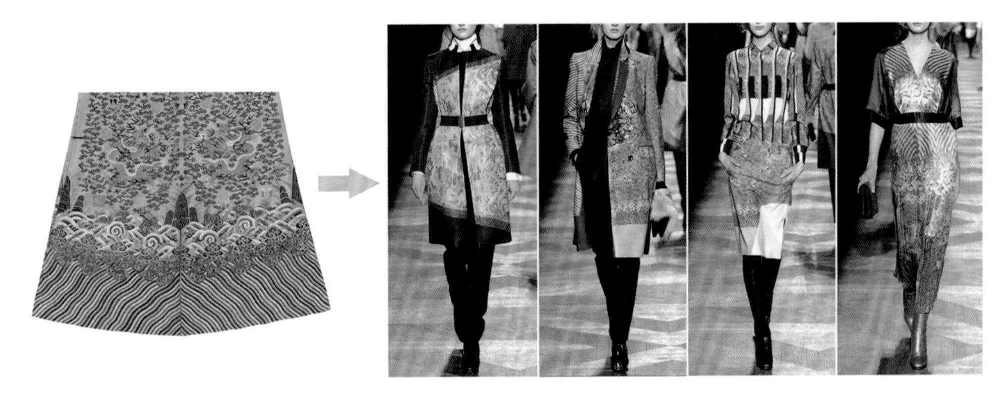

图 8-35　龙袍图案的重组

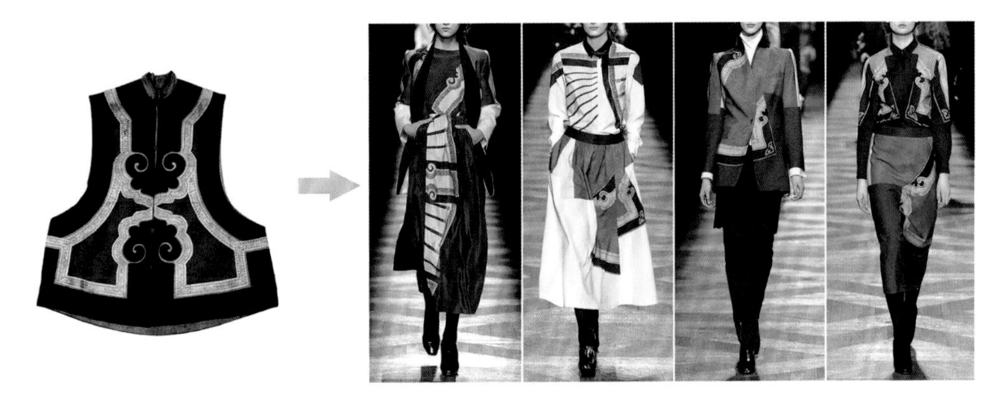

图 8-36　马褂图案的重组

二、图案的局部与整体

图案的应用依附于服装款式，要与服装的造型、结构设计相协调，分为局部图案和整体图案两种。局部图案在服装中起到强调和引导的作用，整体图案在服装中起到统一和和谐的作用。

1. 局部图案

局部装饰的重点部位，按人体的部位分，有颈部、肩部、胸部、腰部、背部等；按服装的款式分，有领处、肩处、门襟处、袖口处、口袋处、腰带（腰封）处、衣角边缘处等。图案纹样在这些装饰部位有的单独出现，有的对称出现，有的与其他部位的装饰呼应出现，有的则是满花图案中的强调部分。

局部图案通常使用对称或均衡的单独纹样，如领部、肩部、腰部；也会使用不同框架结构的适合纹样，如衣身前胸处；衣角边饰则多采用角隅图案和二方连续等（图 8-37~图 8-39）。

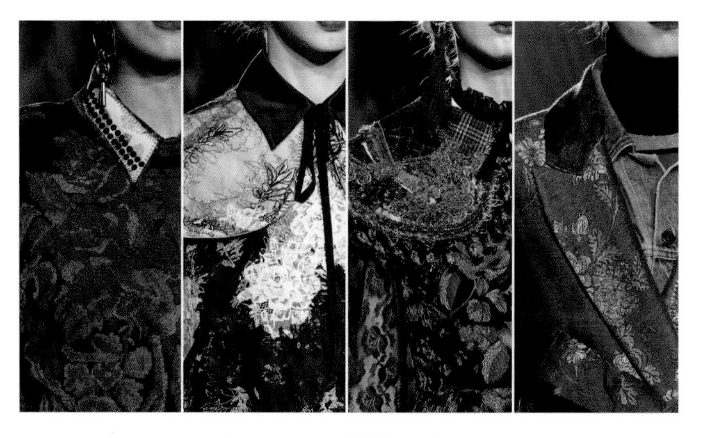

图 8-37　图案的领部应用

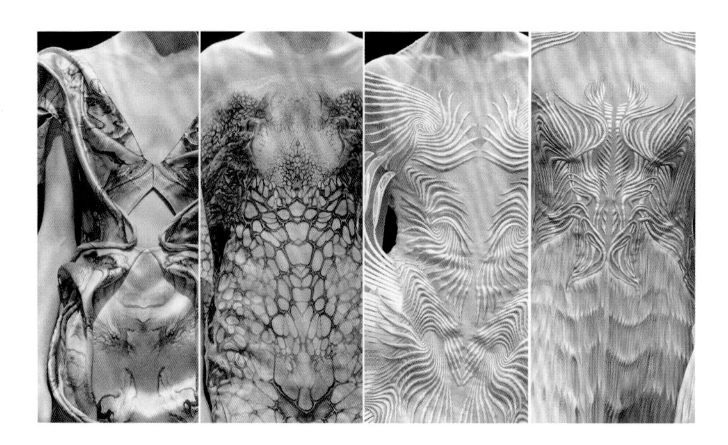

图 8-38　图案的胸部应用

图 8-39　图案的背部应用

2. 整体图案

整体图案通常为满花图案，是服饰整体美感的展示和体现。整体图案的主题性更明确，常用的主题有植物、动物、人物等。常用的四方连续纹样，风格上规整秩序；群合式纹样，风格更丰富多元。

一套服装可以是整套满花的图案，如连衣裙；也可以是同一主题，风格相似的不同图案，在服装的不同局部出现，共同构成服饰整体图案的效果（图 8-40、图 8-41）。

图 8-40　图案的整体应用

图 8-41　不同图案的整体组合应用

三、图案的比例与平衡

1. 图案的比例

在服装图案中，比例是指图案自身结构中的数理关系。一个图案通常在局部与局部、局部与整体之间存在一定的数理关系，如古希腊人发明的黄金分割构图法，就是遵循黄金比例——1∶1.618，运用黄金分割构图法的图案在视觉上更能使人感到和谐舒适。

图案的比例也指某一图案在整体中所占的分量。某一图案的大小、明暗、虚实、重复等影响其在整体中的分量，是局部图案与整体服装的比例关系（图 8–42）。

图 8–42　图案的比例

2. 图案的平衡

对称与均衡是图案形式美法则之一。对称是同形同量的图案以中心线为界，进行上下、左右的图案布局，领部、肩部、胸部等部位多采用对称的图案。均衡是力的平衡，同样在视觉上体现平衡的效果，均衡图案既可以作为对称图案的单位元素，也可以单独出现在服装中（图 8–43）。

图 8–43　图案的平衡

四、图案的点缀与呼应

1. 图案的点缀

点缀图案在服装中的使用少而精，图案大小适中，起到引导视线和画龙点睛的作用。图案一般使用在上半身，如突出肩部、突出腰部的设计等，为起到强调作用，通常还会使用特殊的材料和工艺手法装饰图案，如刺绣工艺、钉珠工艺等，是整套服装的亮点所在（图 8-44）。

图 8-44　图案的点缀

2. 图案的呼应

呼应是某一图案重复出现，使服装中各元素之间产生关联。呼应时，可以在原图案的基础上改变其大小、数量、颜色、肌理等，使服装图案整体更多元丰富又彼此照应（图 8-45、图 8-46）。

图 8-45　图案的呼应 1

图 8-46　图案的呼应 2

五、成衣品牌图案设计解析

与品牌的色彩基因一样，一个好的品牌图案设计，能代表和塑造品牌，甚至比色彩更能起到品牌传播的作用。例如，提到Kenzo大家会马上联想到虎头的图案，提到森英惠会联想到蝴蝶图案，这都是品牌与图案融合传播的典型案例，图案已经成为品牌基因里不可或缺的重要元素。

通过品牌图案的解析和学习，同样能看到品牌文化的源头和定位，其源头和定位影响了图案表达的题材和风格。特别是伴随卡通等图片信息成长起来的新一代消费者，对图案有着独特的情怀，根据客群喜欢的类型和标准进行图案的精准定位，对产品的推广和销售起着至关重要的作用。

在成衣品牌图案设计解析中，形象图案、主图案的确立，每个季节图案的整体架构，图案的序列、图案的组合关系等是从宏观上对图案的把控；图案的解构与重组、局部与整体、比例与平衡、点缀与呼应等都是从每套服装细节上对图案进行处理，这些都是应该重点关注和学习的内容。另外，图案的工艺和材料的选择决定了最终呈现的效果，包括生产技术和成本的控制，也是需要特别关注的。

例如，以色彩和图案著称的品牌Kenzo，创始人高田贤三被誉为“色彩的魔术师”，Kenzo的时装不仅色彩鲜艳，图案设计同样明快，结合了东方文化的沉稳意境、拉丁民族的热情活泼，大胆创新地融合了缤纷的色彩与花朵，作品既活泼明亮又优雅独特，充满浓郁的异国风情（图 8-47、图 8-48）。

图 8-47　Kenzo 2010 秋冬服装图案总览

图 8-48　Kenzo 2010 秋冬服装主要图案与色彩提取

第九章

PART 9 服装色彩和图案的获取与应用

课题名称： 服装色彩和图案的获取与应用

课题内容： 服装色彩和图案的获取方法

服装色彩和图案的提取与应用

服装色彩和图案的应用工艺

课题时间： 12 课时

教学目的： 通过学习掌握服装色彩与图案的获取方法；掌握并应用实践色彩与图案的提取应用，了解色彩图案的工艺，并能进行品牌服装色彩与图案的初步整体策划。

教学重点： 服装色彩与图案流行趋势；色彩图案灵感分析与提炼；成衣品牌服装色彩图案的策划。

作业要求： 1. 色彩的流行趋势提案一幅，规格 A4。

2. 服装色彩的提取与应用练习（色彩提取、搭配方案、形象坐标、色彩应用），规格 A4。

3. 服装图案的提取与应用练习（图案提取创作、图案排版、图案应用），规格 A4。

4. 服装品牌色彩与图案策划方案（品牌定位、用户画像、色彩流行趋势分析、图案流行趋势分析、色彩图案企划、色彩图案设计应用），规格 A4，装订成册。

第一节 服装色彩和图案的获取方法

一、流行趋势的借鉴

1. 色彩的流行趋势

色彩流行趋势简称流行色，是一种社会心理产物，是某个时期人们对某几种色彩产生共同美感的心理反应，现在更是对消费者时尚消费观念引导的工具之一。流行色有时间性、区域性、周期性的特征。流行色可分为时期流行色、时代流行色、年度流行色、季节流行色、月份流行色等；流行色的产生与流行也受区域文化背景、生活方式、消费习惯、气候条件等因素的影响；流行色遵循产生、发展、盛行、衰退的循环规律，具有周期性。

总部设在法国巴黎的国际流行色委员会在每年的二月和七月讨论并发布未来 18 个月的流行色色卡，然后各国根据本国的情况采用、修订、发布本国的流行色，欧美一些流行色研究机构也会同时发布流行色趋势。流行色发布后，世界各地的纺织面料商会根据趋势发布的色彩织造面料，提供服装生产商制作新一季服装产品的原料。

国际上权威的发布机构有：国际流行色协会、国际棉花协会、国际羊毛局、《国际色彩》权威杂志、日本流行色协会等；国内权威的发布机构有：中国流行色协会、中国纺织信息中心、国家纺织产品开发中心、《纺织服装流行趋势展望》杂志等（图 9–1~图 9–4）。

图 9–1　色彩流行趋势 1（发布单位：中国纺织信息中心、国家纺织产品开发中心）

图 9-2　色彩流行趋势 2（发布单位：中国纺织信息中心、国家纺织产品开发中心）

图 9-3　色彩流行趋势 3（发布单位：中国纺织信息中心、国家纺织产品开发中心）

图 9-4　色彩流行趋势 4（发布单位：中国纺织信息中心、国家纺织产品开发中心）

色彩流行趋势的预测方法有欧式和日式两种。欧式预测法是欧美等国色彩专家根据丰富的色彩经验、色彩情报预测流行色彩趋势的方法，具有前瞻性，但主观性过强；日式预测法是经过广泛的市场调查分析，将几万人的色彩数据综合归纳的结果，可靠性强，但相对保守。

2. 图案的流行趋势

图案包含纹饰和色彩，是人们个性品位的展示，也是社会文化的表现，它更深层次丰富了服装语言的表达，用具体的视觉形象直观地反映人们的情感和偏好。

与色彩的流行趋势相似，图案的流行趋势具有时间性、区域性和周期性。每年时尚权威机构都会提前发布第二年的图案流行趋势，国际四大时装周一年两季的时尚发布也可以看到来年的流行趋势，发布中不仅包含花型纹样的设计，也包括最新的图案纹样工艺技术（图 9-5~图 9-7）。

图 9-5　图案流行趋势 1（图片来源：stylesight 网站）

图 9-6　图案流行趋势 2（图片来源：stylesight 网站）

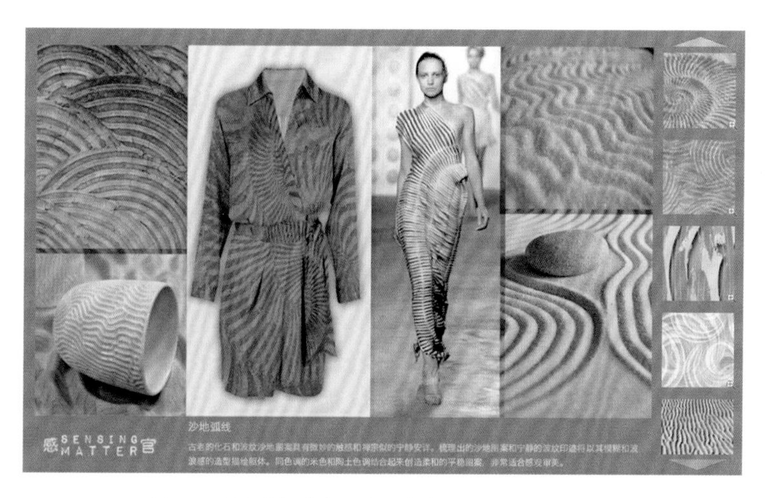

图 9-7　图案流行趋势 3（图片来源：stylesight 网站）

图案的流行趋势受社会热点元素、前沿科技、主流思想、未来思潮、消费理念等的影响，引导新一季产品的图案风格和色彩表达的方向。

3. 流行趋势的预测与提案

国际流行色协会色卡发布后，服装设计师需要遵循实用性原则，科学地借鉴和使用流行趋势，并应用到自身品牌中。为了更好地落地和把握流行资讯，设计师需要根据各国、各地区的实际情况，掌握色彩与图案预测的知识，以便结合自身品牌的风格调性，创造属于自己品牌特点的色彩与图案提案，并贯彻到产品设计的始终，成为新一季产品开发管理的指南。

制作流行趋势提案的具体程序为调研、借鉴、分析、择定、制作提案板五个步骤。色卡的内容包括主题词、彩色图片和色组。主题词是对灵感来源和色组的概括说明；彩色图片能形象地说明灵感来源；色组是从彩色图片中提取的颜色（图 9-8~ 图 9-10）。

2024 SS Mens'wear Color Trends

图 9-8　流行色的预测与提案 1（作者：梁芳瑜）

图 9-9　流行色的预测与提案 2（作者：吴淑云）

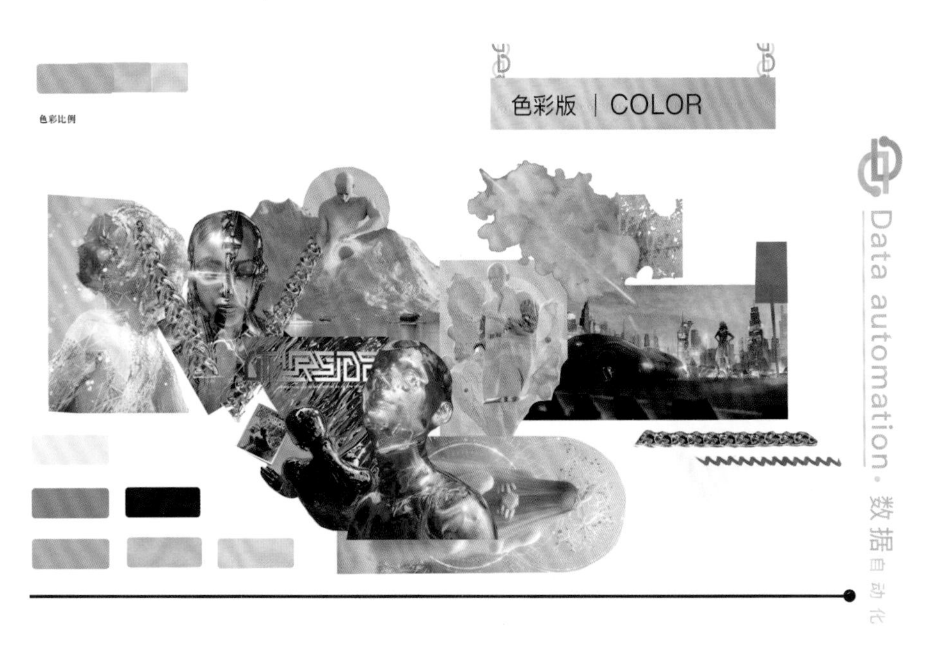

图 9-10　流行色的预测与提案 3（作者：吴淑云）

二、市场的借鉴

通过市场的调研，可以全面综合地掌握市面上正在流行的服装色彩与图案，以及各品牌的应用情况。其中包括产品线的色彩、色调、图案选择，流行色、流行图案的应用，产品色彩图案构架的数量与比例，产品色彩和图案的搭配方法、使用工艺、终端陈列以及营销中的色彩图案形象等。这些品牌正在或已经接受市场的检验，消费者的喜好程度和销售数据也能显示产品在市场上的接受程度，可以成为自己品牌色彩图案新一季策划的参考。但同样，市场的流行存在一定周期，现在流行的产品样式不一定在下一季仍然流行，需要设计师在借鉴时做好判断和取舍（图 9–11）。

图 9–11　市场色彩与图案的借鉴（摄影：黄炎冰）

三、灵感的借鉴

1. 自然色彩图案的借鉴

（1）宏观自然色彩图案

大自然包罗万象，有动物植物，有山川河流，有气候万象，是设计师取之不尽、用之不竭的天然素材库，对大自然的模仿，是设计师创作的永恒主题。

一年四季，每个季节大自然的色彩和形象都不相同，四季里的山涧枯盈、云雁往返，有动植物成长的姿态与轨迹，有云蒸霞蔚的变幻莫测，这些色彩和形象是人类初始力量的源泉，有亲切之感和蓬勃之力。对于自然色彩和图案的借鉴，可以提取广博壮阔的地景色彩和图案，也可以提取具体的动植物色彩与形象，经过艺术的加工，形成自然主题的设计（图 9–12、图 9–13）。热带花卉、棕榈树林等都是近几年热门的自然色彩图案主题。

图 9-12　自然风景色彩

图 9-13　热带植物图案

（2）微观自然色彩图案

随着科学技术的迅猛发展，人们通过最新的科技手段可以看到微观世界里的色彩和图案，这打破了人们对于宏观色彩的局限，呈现了另一个有趣的色彩与图案的世界。对于微观世界的色彩和图案的感受，不仅增进了人们对未知领域的兴趣、对世界更深层次的理解，也推动了艺术和设计的创意思维，带来了别具特色的视觉感受。

例如，显微镜下看到的细胞色彩和细胞图案，是宏观世界的另一番景象，它们未经人工的雕琢，各种令人惊奇的形状结构与色彩展现出出乎意料的艺术性和趣味性，不仅拓宽了人们的艺术视野，也为设计带来更多的素材和思考（图 9-14、图 9-15）。

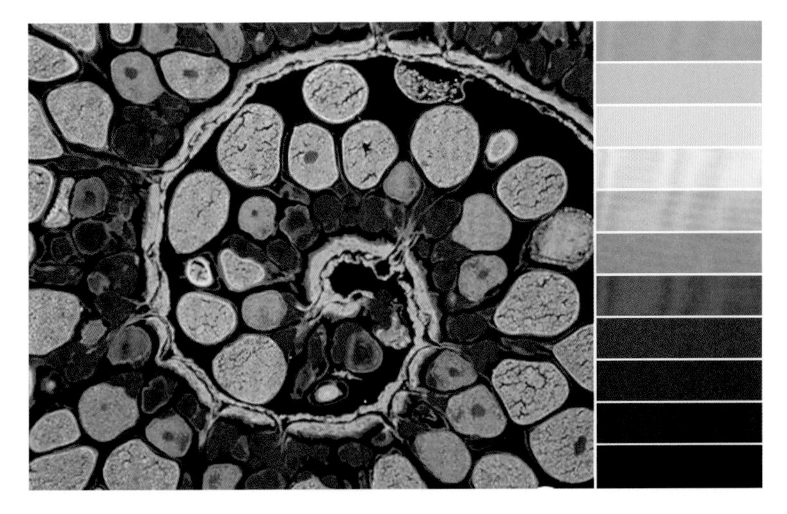

图 9-14 微观细胞色彩

图 9-15 微观细胞图案

2. 人文色彩图案的借鉴

（1）历史人文色彩图案

历史人文色彩图案是指在某一历史时期内，得到当时人们认可并流行普及的色彩与图案，这其中受到当时政治、经济、文化、地域等的制约和影响，有统治阶级和民间的区别。无论国内、国外，每个历史时期都有其专属的色彩与图案，这也成为了解那个时代文化的密钥。在国家大力提倡文化复兴的今天，追溯、借鉴和创新历史人文色彩图案，更有利于中国传统文化的传承和发展。

例如，清朝是中国刺绣最繁荣的时期，宫廷服饰多以刺绣装饰。清早期宫廷服饰刺绣，色彩对比柔和、过渡自然，整体素雅清秀、雅致古朴（图 9-16）。清朝宫廷服饰图案继承和发展了前代的纹样特点，但形式更繁缛和多元，吉祥文化贯穿始终，如象征江山永固的海水江崖纹样，象征丰登的蜂、灯纹样等（图 9-17）。

图 9-16　清朝吉服袍色彩

图 9-17　清朝寿灯纹女袍图案

（2）民族人文色彩图案

民族人文色彩图案与该民族的历史渊源、地理位置、生存环境、民族特性等息息相关。我国有五十五个少数民族，每个少数民族都有其独特的色彩和图案文化，图案源于原始的图腾崇拜、自然崇拜等，形象质朴夸张，色彩鲜艳大胆，充满蓬勃的生命力，给人强烈的视觉冲击感。

例如，苗族服饰中，多组强烈对比的色彩同时出现，如红绿对比、黄蓝对比等，苗族妇女通过色彩图案比例的调配，使画面闹而不乱，充满原始、强烈、热情的力量（图 9-18）。白族人喜花，“大理三千户，户户栽花”，是大理白族人民生活真实的写照，因此在白族的刺绣图案里有各式各样的花卉，如山茶、牡丹、菊花等，图腾崇拜的公鸡、象征多子多福的鱼虫也是白族刺绣的题材之一（图 9-19）。

图 9-18　苗族服饰色彩

图 9-19　白族服饰图案

（3）艺术人文色彩图案

设计与艺术有着紧密的联系，许多服装设计师都会从姊妹艺术创作中吸取灵感进行创作，如油画、国画、壁画、雕塑等；也会借鉴其他设计类目，如平面设计、产品设计、建筑设计等。对于艺术人文色彩图案的提取，不仅可以借鉴其用色规律、形式美法则、造型特点等，还可以借鉴其整体风格，保留或升华原有的艺术效果。

例如，后印象派画家梵高的油画，色彩如钻石般璀璨绚丽，是精神的色彩，有纯净、温暖、治愈的力量。他喜欢用未经调和的纯色作画，画面多用对比的色彩，并用黑色勾边，让没有阴影的画面能够调和（图 9-20）。又如，现代建筑设计中，钢筋混凝土结构呈现出来的对称与均衡、节奏与韵律、变化与统一，使整体效果充满工业的秩序感，形式感十足（图 9–21）。

图 9–20　梵高油画色彩

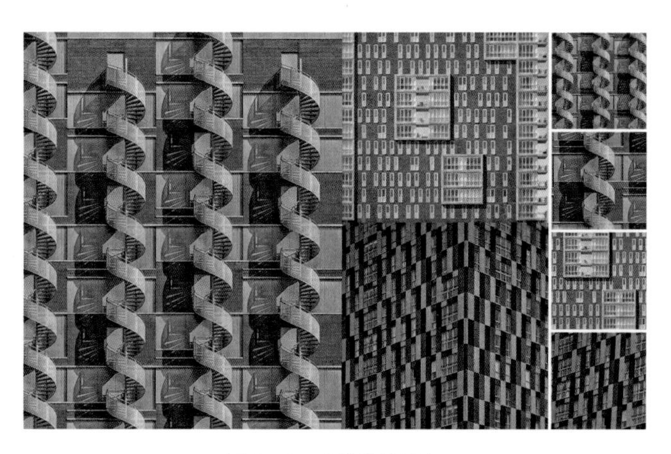

图 9–21　建筑设计图案

四、其他工具的获取与借鉴

为了更高效、更精确地使用色彩，人们可以通过一些设计软件，如Adobe公司出品的Photoshop和Illustrator等来提取颜色、获得色号，也可以获得软件智能的配色方案，利用软件更好地进行色彩图案设计，显示、作业、展示、输出、生产服饰产品。另外，专门的拾色仪器也可以让我们轻松地获得准确的色彩数据，更快速、便捷、精准，避免了光源环境对采色的影响以及人眼观察的主观性（图 9–22）。不同色彩研究机构和公司推出的色卡，也能让设计师轻松寻找到自己需要的色彩和色号，提高设计工作效率，如潘通公司开发的潘通色卡(PANTONE)，为国际通用的标准色卡，是涵盖印刷、纺织、塑胶、绘图、数码科技等领域的色彩沟通系统，已经成为当今交流色彩信息的国际统一标准语言（图 9–23）。

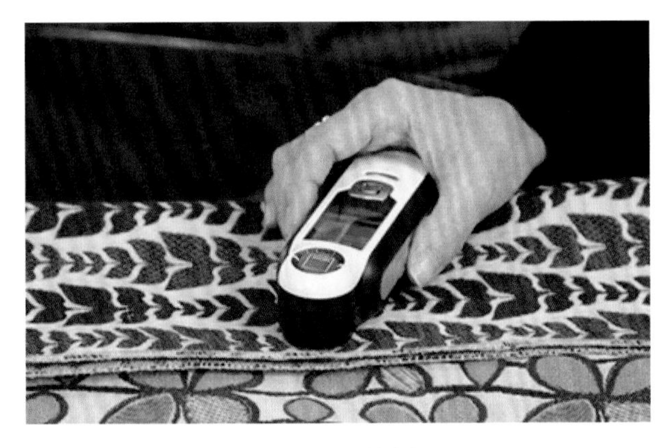

图 9-22　拾色仪

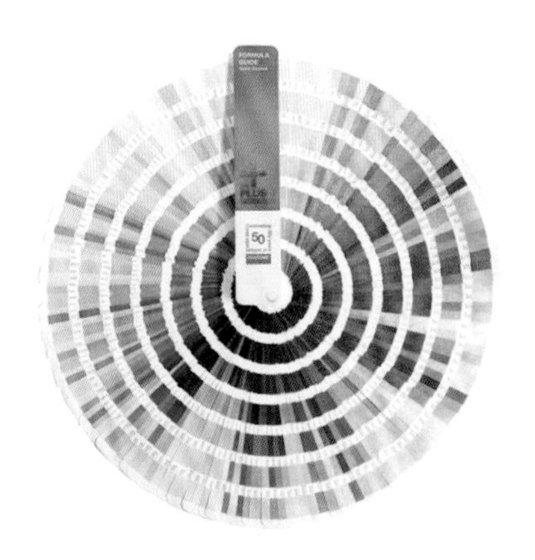

图 9-23　潘通色卡

第二节　服装色彩和图案的提取与应用

一、服装色彩的提取与应用

1. 确定分析和提取对象

色彩的提取、分析、重构是服装色彩提取与应用的重要步骤。

获取色彩的第一步是收集灵感来源。灵感来源的图片可以根据设计主题选择相关图片，也可以是任何能激发我们色彩创作灵感的图片，如旅行时的摄影作品、一个漂亮的包装、一页杂志的内页等。灵感图片可以是单幅图片，也可以是拼贴集成图片。

例如，案例中选择了一幅莫兰迪的静物油画作品，莫兰迪的色彩以高级灰著称，又称“莫兰迪色”，因此灵感图片的选择决定了最后提取和应用的结果是高级灰的方向（图 9-24）。

图 9-24　确定色彩分析和提取对象

2. 色彩的提取

第二步是对图片里的色彩进行量化分析，并进行提取。为了能更快速、有效、精准地提取，可以将图片进行马赛克处理，然后提取其中重要的颜色（图 9–25）。

提取时，可将色彩按色相、明度、纯度的次序排列，也可将提取的色彩按照图片的占比，进行比例分配，作为后面色彩比例应用的参考。

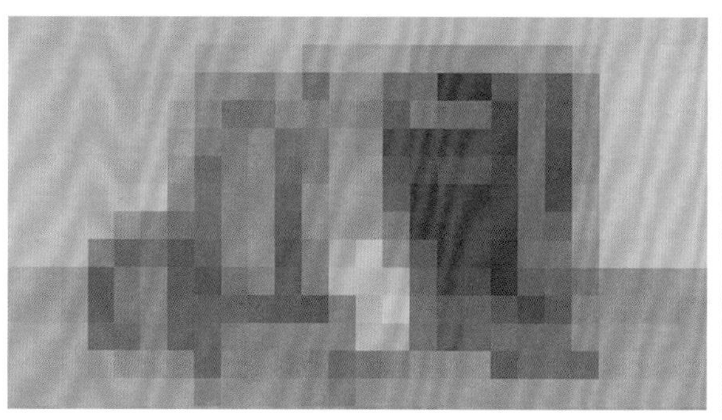

图 9–25　提取色彩（作者：高燕）

3. 色彩的搭配方案

第三步是规划已经提取的色彩，确定主色调，确定色相的搭配类型，确定明度、纯度、色调的搭配类型。

案例中，通过画面比例的关系，可以确定棕色系为主色调；根据色相的不同，做出四组不同的配色方案，包括同一色的明度变化搭配、邻近色的搭配、对比色的搭配、分裂补色的搭配。因为提取的色彩都在一个基本的色调里，所以色相搭配的对比冲突得到了缓和，是柔和对比的效果（图 9–26）。

图 9–26　色彩的分类及搭配（作者：高燕）

4. 色调与色彩形象坐标

为了进一步检验提取、归纳的色彩是否与自己想表现的情感和主题相一致，可以进行色调的分析，将提取的色彩放在色彩形象坐标中，验证色彩和情绪是否相搭配。

例如，案例中，经过色调分析，色彩采用的是邻近色调，淡色调和浅灰色调，这与原画的“高级灰”是一致的（图 9–27）。通过色彩形象坐标，也验证了获得的色彩是含蓄的、细腻的、微妙的、精美的，这些关键词在产品色彩的开发管理中也起着重要的引导作用（图 9-28）。

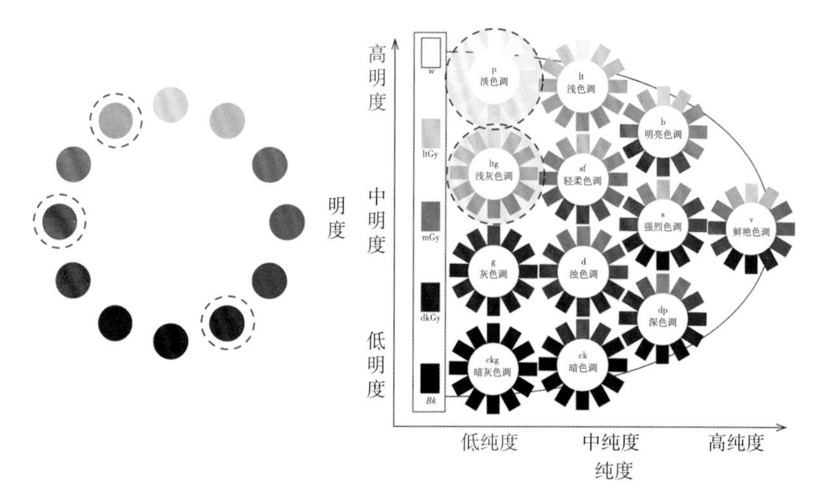

图 9-27　色调的分析（作者：高燕）

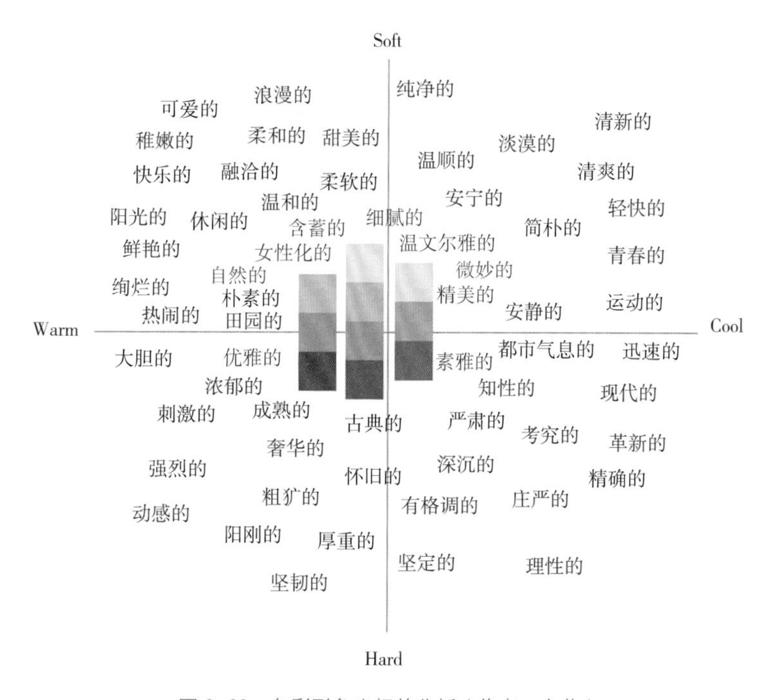

图 9-28　色彩形象坐标的分析（作者：高燕）

5. 色彩的应用

最后是色彩的应用，将提取、分析的色彩应用在具体的服装款式中。应用时，要注意主体色、点缀色的使用比例，每套色彩的数量与层次、对比与调和、比例与平衡、点缀与呼应，以及最后色彩关系的调整（图 9-29）。

图 9-29　色彩搭配及应用（作者：高燕）

二、服装图案的提取与应用

1. 确定分析和提取对象

图案元素的提取、重构是服装图案提取与应用的重要步骤。

同样，获取图案的第一步是收集灵感来源。可根据设计主题进行头脑风暴，选择相关图片进行分析和提取，也可以是身边的任何物品、物件，一朵花、一片叶、一个玩具等，全方位地去观察它、拆解它。

例如，案例中选择了中国传统木质建筑的结构作为图案的灵感来源（图 9-30）。

设计说明：图案灵感来源于中国古建筑中的榫卯结构。榫卯是古代中国建筑、家具及其它器械的主要结构方式，是在两个构件上采用凹凸部位相结合的一种连接方式。凸出部分叫榫(或榫头)；凹进部分叫卯(或榫眼、榫槽)。其特点是在物件上不使用钉子，利用卯榫加固物件，体现出中国古老的文化和智慧。图案提取了古建筑中的榫卯结构为设计元素，对其进行不同方式的排列组合与重复，从而形成最终的图案。

图 9-30　确定图案分析和提取对象（作者：吴淑云）

2. 提取创作图案

第二步是图案元素提取创作的关键，是用解构重组的方法，重新定义图案。

案例将中国传统建筑中的榫卯结构提取出来，并采用其中一种榫卯结构形式作为图案变形的基本元素，将立体的结构逐渐平面化，并赋予色彩，形成新的基本单元（图 9-31）。

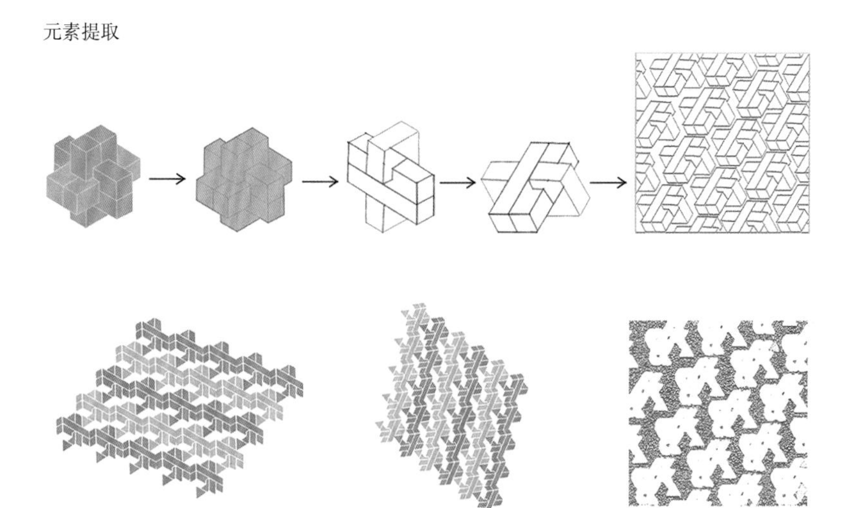

图 9-31　提取图案元素（作者：吴淑云）

3. 图案排版

第三步是将拆分重组的元素按照一定规律进行排版，使之符合服装图案应用的要求。这其中还可以做多种配色方案，使其最后呈现出更加多元的效果（图 9-32）。

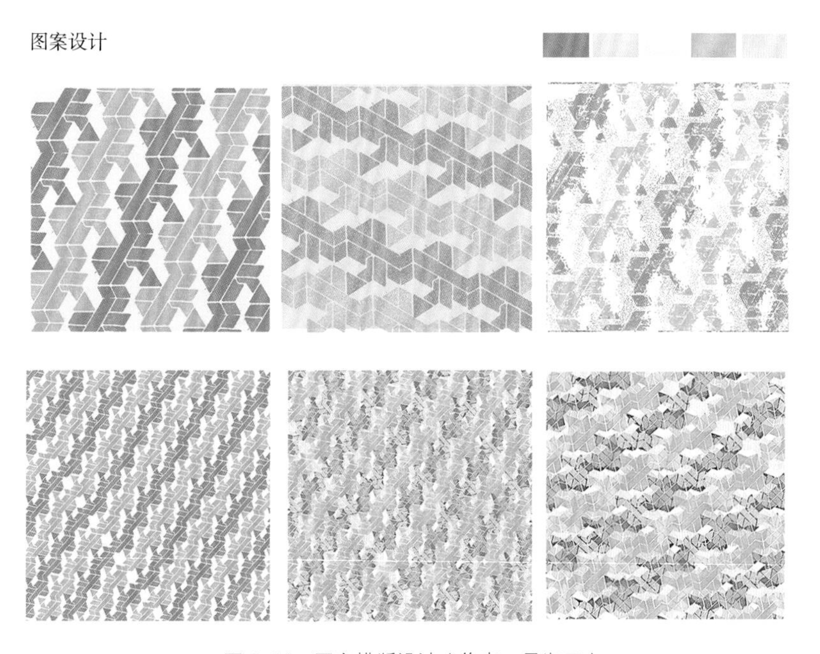

图 9-32　图案排版设计（作者：吴淑云）

4. 图案的应用

最后是图案在系列服装中的应用。应用时，要注意每套服装图案的整体与局部的关系、图案的比例与平衡、图案的点缀与呼应，以及最后图案与整体色彩关系的调整（图 9-33）。

图 9-33　图案搭配及应用（作者：吴淑云）

图 9-34~ 图 9-36 为图案色彩案例。

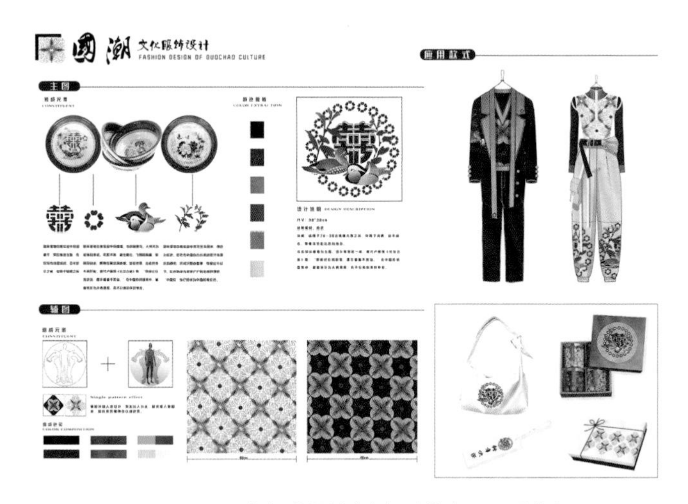

图 9-34　图案色彩设计案例 1（作者：王乐萱）

图 9-35　图案色彩设计案例 2（作者：王乐萱）

图 9-36　图案色彩设计案例 3（作者：吴淑云）

三、品牌服装色彩与图案的策划

1. 市场定位的确定

品牌服装的市场定位需要对自己的目标人群进行确定和分析，包括消费者的画像：目标客户群体的性别、年龄、职业、收入水平、文化程度等；消费者的心理层次：目标客户群体的生活方式、社交方式等；消费者风格群体划分：优雅型、浪漫型、简约型、前卫型、少女型等；市场层次定位：进入几线城市、采用什么方式进行销售等。

市场定位对于确定品牌的色彩与图案的具体定位，起着至关重要的作用。

2. 市场调研

为了更好地将市场定位落实到产品开发中，在新一季产品开发之前，需要对市场进行调研。包括以下 4 个方面的内容：

第一，调查行业趋势，包括行业的宏观环境、行业特征、市场规模等，验证之前的品牌市场定位是否可行，找出品牌的细分和空间。

第二，调查竞争对手的情况，即目前市场上同类服装主流色彩图案的倾向。“他山之石，可以攻玉”，通过对对方品牌的研究和解读，学习和借鉴他人的用色经验，也可以看到市场上的销售反馈，这些都可以作为自己品牌色彩图案策划的参考内容。

第三，对目标客户群体其他相关信息的搜集、整理、分析，如生活方式、价值趋向、消费倾向、社会生活动态、文艺思潮等，是品牌色彩图案策划开展的重要素材。

第四，对面辅料市场的熟悉和掌握。在色彩图案策划执行的过程中，会受到面辅料市场的制约，只有提早了解流行信息、面辅料市场的供应情况，才能灵活机动地进行策划，以免计划落空。

3. 主题的确定

品牌色彩与图案的策划，一般会有几个主题，对应不同的波段。主题的确定，可以紧跟热门话题、热门事件、未来趋势，也可以从自然或人文中寻找借鉴。

主题确定后，可根据相关灵感图片制成灵感提示板，灵感板的走向和风格会影响最终产品的风貌特征。

4. 流行色、流行图案的分析与应用

国内外各大权威预测机构发布的色彩、图案趋势信息，是服装品牌策划的重要依据之一。

对于流行色，需要设计师根据自身品牌的定位有选择地使用，而不是照单全收。流行色在服装色彩配比中，只占30%，其余的都是品牌自身基因的常用色和基本色，占大约70%。除此之外，还要区分时髦色、点缀色和常用色。

流行图案方面，除了设计师要根据自身品牌的风格特点进行选择以外，有些图案因为地理环境、文化信仰、经济教育等不同，也不能全部使用，而是要结合本土实际情况，进行解析、转换，进行再创新设计，才能适应本土的市场。

5. 色彩图案计划的确定

经过以上对各种信息的调查、整理、分析、解读后，便可以进行品牌的色彩图案企划。

企划的过程是，参考流行色彩、流行图案，确定新一季主题，进行头脑风暴，根据头脑风暴内容进行灵感来源提示板的制作，提取其中的色彩和图案，分别制成色彩故事板和图案故事板。

色彩故事板包括主题标题、主题灵感图片、主题词描述、色组陈列等。色彩故事板每季4、5个主题，每个主题2、3个色组，每组6、7个色标，另外还要对每个色组确定主色调、色相搭配类型、明度和纯度搭配类型等。值得注意的是，为了便于色彩的沟通和生产，每一个颜色都必须标出国际通用的色号。

图案故事板包括主题标题、主题灵感图片、主题词描述、图案陈列、色组陈列等。还需确定主要图案、常规图案、点缀图案等，往往同一主题的色彩故事板与图案故事板是综合在一起的。

企划最后会对产品色彩图案的应用数量和比例进行计划统筹。

6. 色彩与图案的应用

企划完成后，需要将色彩故事板和图案故事板的色彩和图案贯彻应用到系列设计中。应用时，要考虑色彩、图案与服装造型结构的关系，使设计能够更好地融入服装。

最后，在对整体效果进行适当调整时，注重色彩图案在服饰中的节奏、韵律，做设计上的加强、减弱、点缀、呼应。配件的应用也可以起到色彩和图案的点缀、呼应作用，如帽子、丝巾、箱包、鞋子等与服装的色彩图案相同或相近，可以增加和丰富服装整体色彩图案的表现。

7. 面料与工艺的确定

最后是面料与工艺的确定，选择什么样的面料和工艺不仅影响色彩图案效果的最终呈现，好的工艺的使用，还会在原本的设计上起到锦上添花的作用，是整个设计的精髓和点睛之处。当然，面料、工艺的选择，还与产品的制作周期、制作成本、产品营销等方面相关，需要设计师根据自身品牌的定位和特点来确定。

案例 1：

案例 1 是以马家窑文化彩陶为灵感的男装策划应用方案（图 9–37~ 图 9–48）。

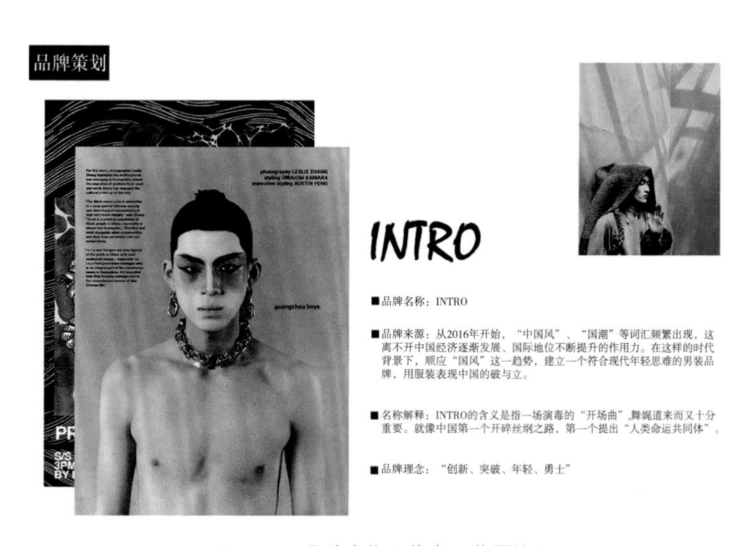

图 9–37　品牌定位（作者：莫雁婷）

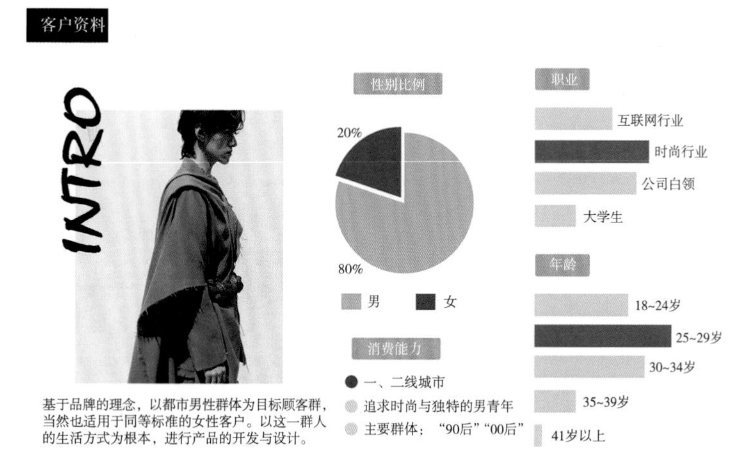

图 9–38　客户分析（作者：莫雁婷）

灵感来源

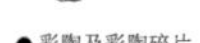

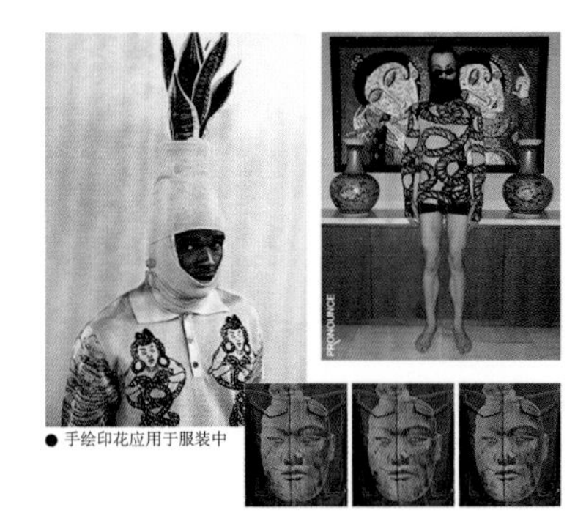

灵感来源于彩陶工艺中的图案、结构、绘图效果，从中提取图案并用手绘感方式制作服装印花。采用中西结合的方法进行设计。即“中式纹样”与“西式结构”,设计一个系列五款2022秋冬男装。

图 9-39　灵感来源（作者：莫雁婷）

色彩分析

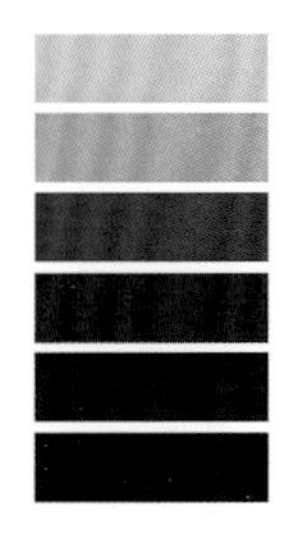

湛蓝色是用于饰物和古建筑中的装饰材料或铺盖屋顶用的构件，色彩庄重，在中国传统色彩观念中，它属于上天的颜色。此次设计以湛蓝色为基础，逐渐改变其饱和度与深浅，达到渐变配色的效果。

图 9-40　色彩分析（作者：莫雁婷）

图案设计

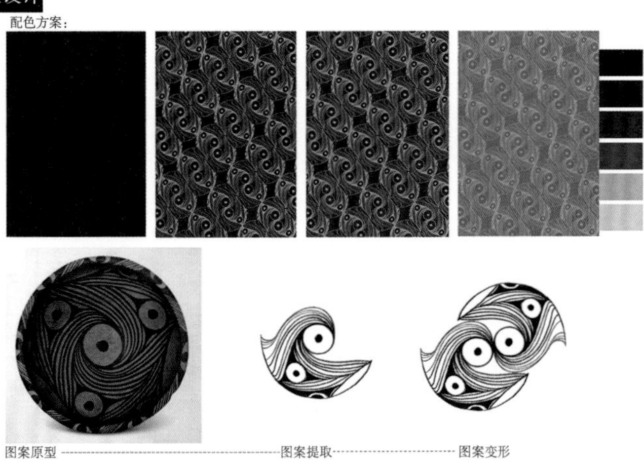

图 9-41　图案设计 1（作者：莫雁婷）

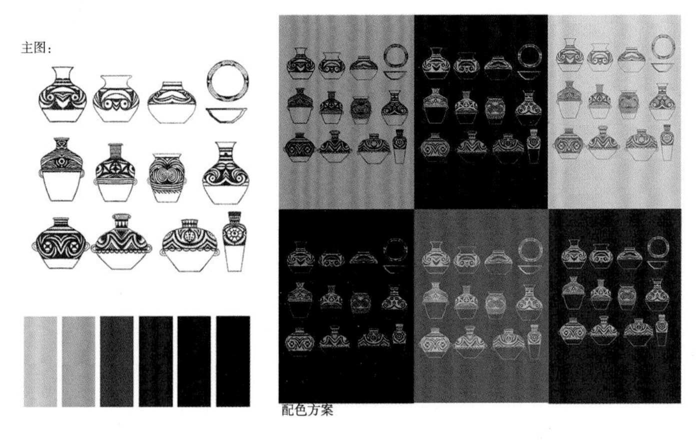

图 9-42　图案设计 2（作者：莫雁婷）

图 9-43　服饰图案色彩应用 1（作者：莫雁婷）

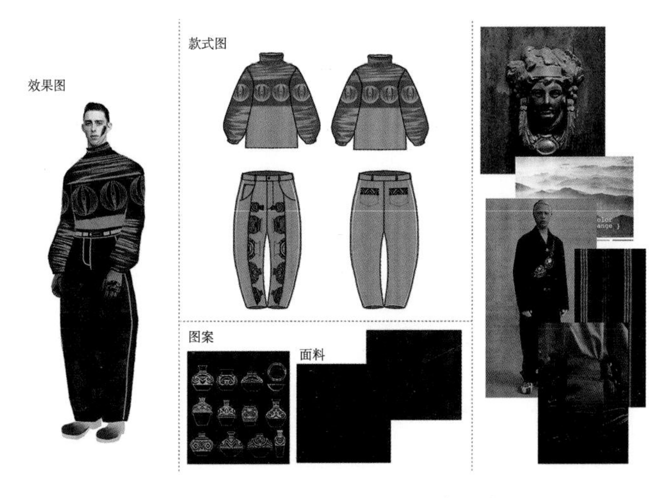

图 9-44　服饰图案色彩应用 2（作者：莫雁婷）

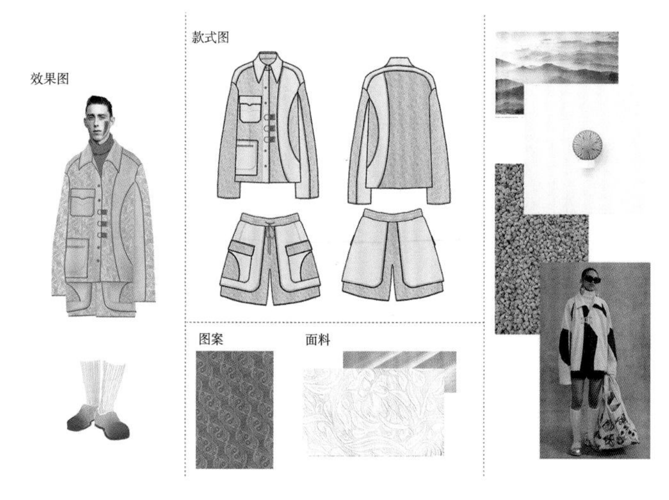

图 9-45　服饰图案色彩应用 3（作者：莫雁婷）

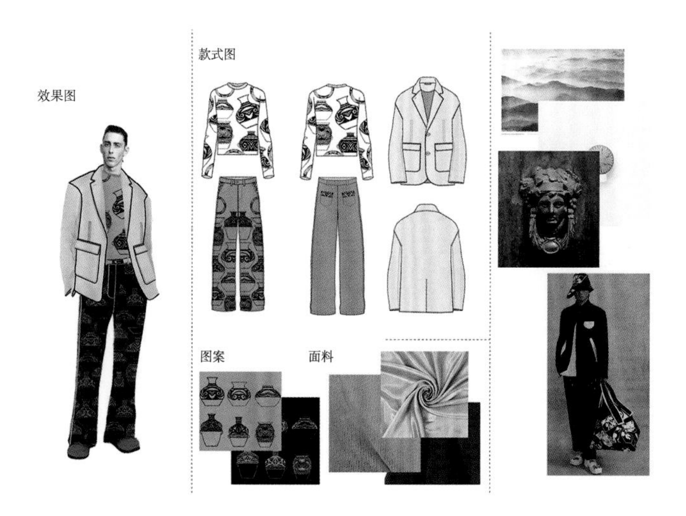

图 9-46　服饰图案色彩应用 4（作者：莫雁婷）

图 9-47　服饰图案色彩应用 5（作者：莫雁婷）

图 9-48　服饰图案色彩设计整体效果图（作者：莫雁婷）

案例 2：

案例 2 是以中外神话故事为灵感的丝巾品牌策划应用（图 9-49~ 图 9-56）。

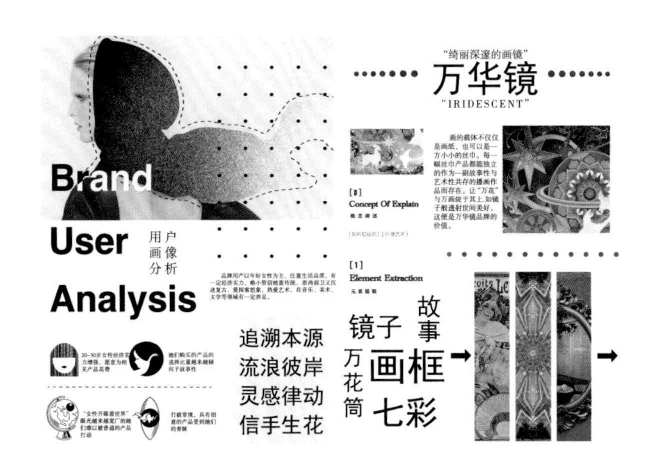

图 9-49　丝巾品牌定位及客户画像分析（作者：张瀚文）

图 9-50　丝巾设计灵感来源（作者：张瀚文）

图 9-51　丝巾品牌名称（作者：张瀚文）

图 9-52　丝巾设计效果图（作者：张瀚文）

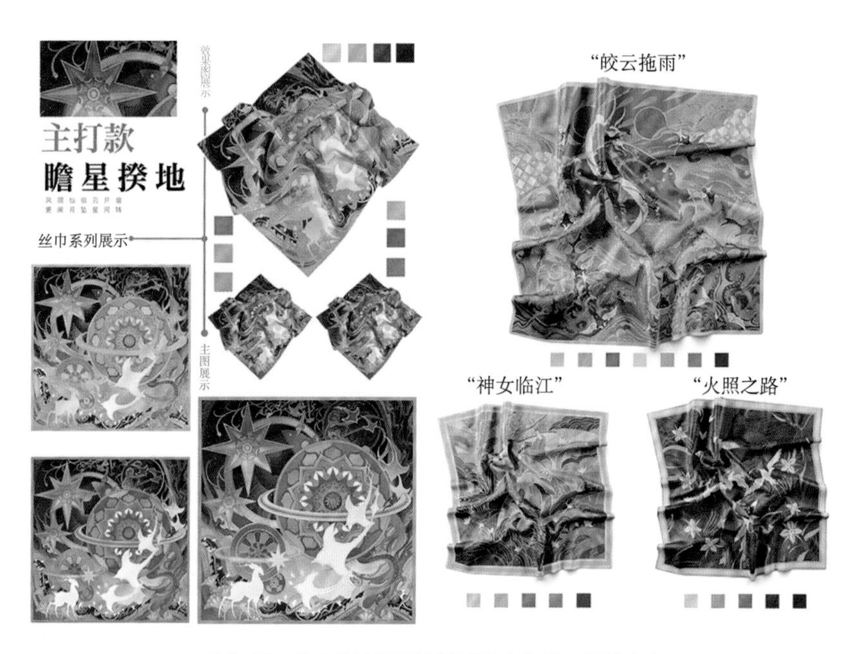

图 9-53　丝巾设计样机效果展示（作者：张瀚文）

图 9-54　图案服装应用展示（作者：张瀚文）

02 • 床品系列设计应用

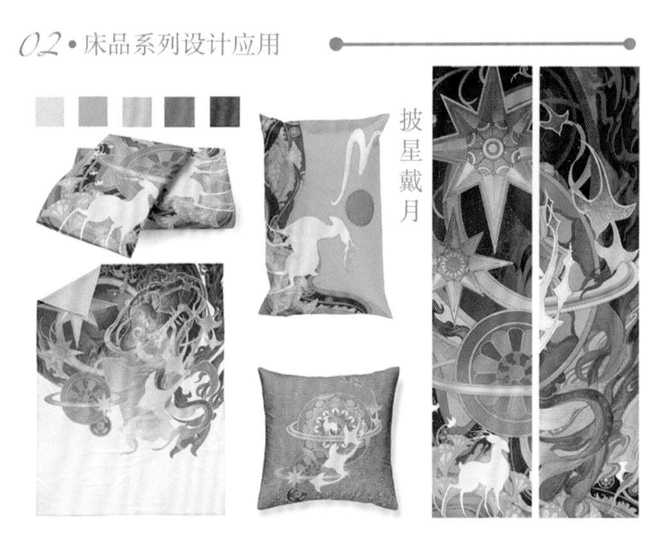

图 9-55　图案床品应用展示（作者：张瀚文）

图 9-56　品牌终端陈列展示（作者：张瀚文）

第三节　服装色彩和图案的应用工艺

服装色彩和工艺的应用是产品最终落地的关键。包豪斯学校曾经提出，艺术家必须学习如何去直接参与大规模的生产，加强艺术家、工业企业家和技术人员的合作。只有深入了解产品工艺、流程、染料等技术问题，才能将设计转化成好的产品。

另外，设计师也需要多到民间去走走看看，遗落在时间长河中的传统手工艺，也是服装色彩图案设计的灵感来源和实现手段之一。将这些传统手工艺与时尚相结合，可以迸发出新的生机与活力。

一、印花工艺

印花工艺能将图案中的线条、形状、色彩完全复制还原到面料上，是表现设计师图案设计方案直观、完整、高效的工艺。

现代服装印花工艺主要分为丝网印、热转印、热升华、喷墨印等。

丝网印工艺，又分为胶浆印花、水浆印花、拔印印花、硅胶印花、反光印花等。丝网印需要对设计稿进行分色，一个颜色一个网板，先要完成套色的网板制作，再将其转到面料上，每个网板层次对应着设计稿上的一个颜色。丝网印适合大批量生产，但色彩数量有限制，需要调色，色彩的渐变效果也不能完全体现。丝网印中常用的胶浆印花，色彩鲜艳，在此基础上还能制作发泡、凸出等立体效果。水浆印花适合大面积印花，手感柔软，透气性好。

热转印工艺，无须制版，图案还原度高，可一件起印，但手感偏硬，透气性不佳。

热升华工艺，通常又被称为数码印花，是将图案信息转移到喷墨打印机上，转化到面料上，无须制版套版，不受色彩和效果的限制，色彩丰富逼真，清晰度和准确度高，方便快捷，产品透气性好，手感舒适，但固色性和色彩效果不如丝网印。

喷墨印工艺，又称数码直喷，色彩图像还原度高，透气性好，手感柔软，适合棉料印花，但成本略高。

设计师可根据印花效果、规格、数量、成本等选用相应的印花工艺，达到期望的印花效果（图 9-57）。

图 9-57　印花工艺服装

二、镂空工艺

服装的镂空工艺是起源于雕刻的一种工艺手法，是在面料上雕刻出穿透面料的花纹。镂空常用的手法是剪、撕、烧、抽、雕、编等，通过剪破、打孔、抽纱、雕花、编结等手法使面料形成镂空的效果。

镂空图案有抽象和具象两种。抽象的几何图案简约、对称，有极简的艺术个性；具象的图案风格多样，服装中以植物花卉图案为主，表现服装的唯美浪漫。镂空一般使用在袖口、领口、下摆、腰部、背部等处，打破了服装的沉闷，使服装更具通透感和层次感，特别是在法式风格成衣中，镂空工艺最为常见（图 9-58）。

图 9-58　镂空工艺服装

三、贴布工艺

贴布工艺常与刺绣工艺相结合，又称为补花绣，是一种将其他面料剪贴缝绣在服饰上的刺绣方式。

贴布工艺的主要表现方法有贴布平绣和贴布凸绣两种。其方法是将花布按图案要求剪好，贴在绣面上，也可以在贴花布与绣面之间填充棉花等物，使图案隆起而有立体感，贴好后再用各种针法锁边。工艺图案以块面为主，形象简洁明了，装饰性强，风格别致大方（图 9-59）。

图 9-59　贴布工艺服装

四、刺绣工艺

刺绣是针线在织物上绣制各种装饰图案的总称。刺绣工艺分丝线刺绣和羽毛刺绣两种，是用针将丝线或其他纤维、纱线以一定图案和色彩在绣料上穿刺，以绣迹构成花纹的装饰织物。

刺绣按工艺分有平绣、毛巾绣、立体绣、线迹绣、流苏绣、锁绣、十字绣、堆绣、雕孔绣等。在中国，按流派分，有苏绣、蜀绣、湘绣、粤绣、京绣、鲁绣、汉绣等。机器刺绣效率高、批量作业、成本低；手工刺绣精致，艺术性强、时间长、成本高，今天的高级定制服装依然会采用手工刺绣（图 9-60）。

图 9-60　刺绣工艺服装

五、钉珠工艺

钉珠工艺又称重工钉珠，是用针将丝线或其他纤维将宝石、贝母、水晶珠和亮片等材料，以某种图案和色彩搭配为基础在织物上穿刺，构成或平面或立体的花纹装饰。

钉珠的主要手法有手工针线钉珠、高温熨烫钉珠、手工胶合钉珠、铆合钉珠、立体串珠等。钉珠工艺常用于高级成衣和婚纱礼服中，装饰点缀在领口、肩膀、袖口等处，工艺精美、肌理明显，有闪烁的光泽感。钉珠是一门传统手工艺，效果优雅精致、高贵华丽，彰显精美、奢华、富贵的手工艺风格（图 9-61）。

图 9-61　钉珠工艺服装

六、编织工艺

编织工艺历史悠久，原是指使用韧性较好的植物纤维以手工编织成器的方法，后逐渐借鉴、引用到服装制作的工艺中。

使用在服装中的编织工艺主要分为编、结、织三类。编是通过经线、纬线相互挑压、扭绞等手法，将纤维材料穿插形成图案的方法；结是通过纤维材料进行打结，不同的打结方法形成不同的编织效果；织在针织服装上应用广泛，是通过针织工具，将纤维材料构成线圈，再经串套连接成针织物。编织工艺产品风格有的精美细腻、有的田园自然、有的粗犷淳朴，带有不同程度的立体肌理美感（图 9-62）。

图 9-62　编织工艺服装

七、3D 打印工艺

3D 打印工艺呈现的效果是前卫和科技感，是科技与时尚的完美融合。

3D 打印工艺以三维数据模型为基础，通过切片软件分层，导入打印机后将设计的服装三维模型打印出来，它颠覆了传统服装的制作工艺，最大程度满足了设计者天马行空的想象，实现二维设计的三维立体呈现，特别是制作层次丰富、复杂精密的图案形状，3D 打印有着天然的优势。而且，3D 打印成品完成度高、材料利用率高、损耗小、绿色环保、工艺流程短，是未来服装立体图案造型呈现的重要手段，但综合技术难度超过传统制衣工艺，现在多应用于创意服装上（图 9-63）。

图 9-63　3D打印工艺服装

案例：

Made in China 是以中国传统文化的色彩和图案为灵感设计的一系列服装。

色彩上，从苗族背扇中提取极具东方民族意蕴的粉红和粉绿对比色，作为整个系列的基调配色，并增加明度的变化，以丰富色彩的层次，最后加上群青色，给整体色彩增加分量感，也与粉红色形成新的对比关系（图 9-64、图 9-65）。

图案上，借鉴了中国少数民族服饰纹样以及中国神话故事形象，并以此为灵感进行创作，将传统图案解构、重组，重新塑造，创造出多元丰富的新国潮图案形象。工艺上，以现代印花工艺为主，并吸取中国传统服饰制作的拼接工艺、绣花工艺、贴布工艺与之结合（图 9-66~图 9-68）。

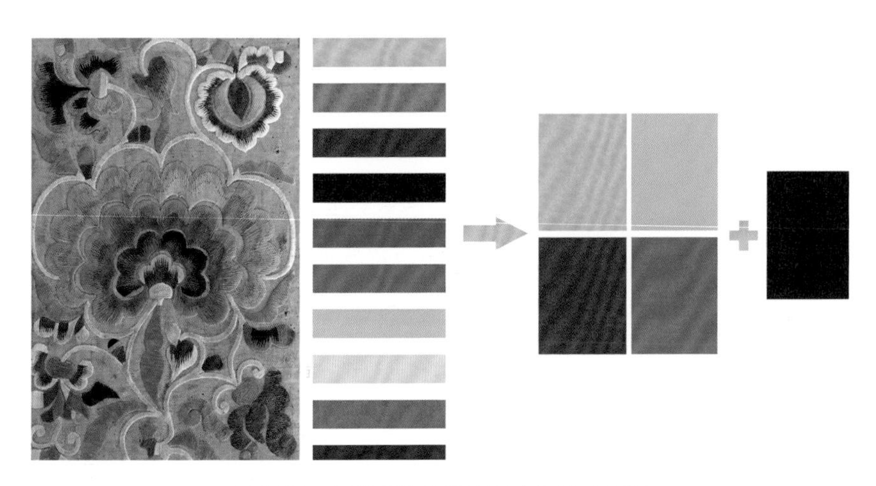

图 9-64　色彩灵感及提取归纳（作者：高燕）

图 9-65　系列服装整体色彩搭配（作者：高燕）

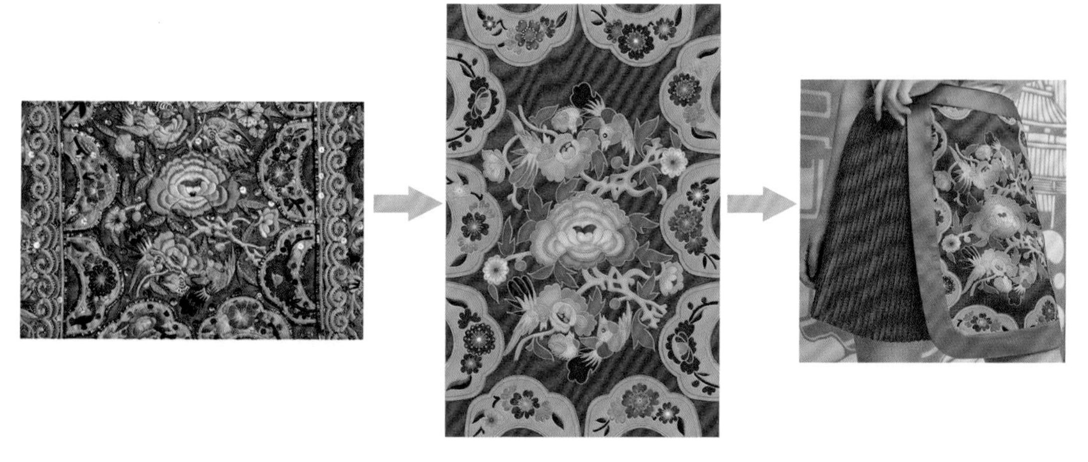

图 9-66　民族服饰纹样提取应用（作者：高燕）

图 9-67　传统纹样创新设计应用（作者：高燕）

图 9-68　部分创新图案展示（作者：高燕）

整个系列历经构思、线稿、描边、上色、印花、刺绣、拼布、贴布等数道工序，设计既保有传统特色和辨识度，又有新的现代解读，以期促进中国传统文化更好地活跃在当下（图 9-69~ 图 9-73）。

图 9-69　系列服装总览（作者：高燕）

图 9-70　部分作品展示（作者：高燕）

图 9-71　作品秀场展示 1（作者：高燕）

图 9-72　作品秀场展示 2（作者：高燕）

图 9-73　作品秀场展示 3（作者：高燕）

参考文献

[1] 肯尼思·R. 法尔曼，切丽·法尔曼. 色彩物语：影响力的秘密[M].2 版. 谢康，等译. 北京：人民邮电出版社，2012.

[2] 小林重顺. 色彩心理探析[M]. 南开大学色彩与公共艺术研究中心，译. 北京：人民美术出版社，2006.

[3] 小林重顺. 色彩形象坐标[M]. 南开大学色彩与公共艺术研究中心，译. 北京：人民美术出版社，2006.

[4] 伊达千代. 色彩设计的原理[M]. 悦知文化，译. 北京：中信出版社，2011.

[5] 尾上孝一，金谷喜子，田中美智，等. 色彩学用语词典[M]. 胡连荣，译. 北京：中国建筑工业出版社，2011.

[6] 约翰内斯·伊顿. 色彩艺术[M]. 杜定宇，译. 北京：世界图书北京出版公司，1999.

[7] 中国流行色协会. 色彩搭配师[M]. 北京：中国劳动社会保障出版社，2021.

[8] 张雄，高燕. 设计色彩[M]. 重庆：重庆大学出版社，2015.

[9] 胡蕾，张康夫，林剑. 服装色彩[M]. 北京：高等教育出版社，2012.

[10] 宁芳国. 服装色彩搭配[M]. 北京：中国纺织出版社，2018.

[11] 孟昕. 服饰图案设计[M]. 上海：上海人民美术出版社，2016.

[12] 崔唯，张向宇. 基础图案[M]. 北京：中国纺织出版社，2015.

[13] 张晓霞. 中国古代染织纹样史[M]. 北京：北京大学出版社，2016.

[14] 郑军，白展展. 服饰图案设计与应用[M]. 北京：化学工业出版社，2019.